U0307007

杭州全书编辑委员会

王国平　总主编

钱塘江水电站

龚园喜　刘军　编著

杭州出版社

杭州全书总序

　　城市是有生命的。每座城市，都有自己的成长史，有自己的个性和记忆。人类历史上，出现过不计其数的城市，大大小小，各具姿态。其中许多名城极一时之辉煌，但随着世易时移，渐入衰微，不复当年雄姿；有的甚至早已结束生命，只留下一片废墟供人凭吊。但有些名城，长盛不衰，有如千年古树，在古老的根系与树干上，生长的是一轮又一轮茂盛的枝叶和花果，绽放着恒久的美丽。杭州，无疑就是这样一座保持着恒久美丽的文化名城。

　　这是一座古老而常新的城市。杭州有8000年文明史、5000年建城史。在几千年历史长河中，杭州文化始终延绵不绝，光芒四射。8000年前，跨湖桥人凭着一叶小木舟、一双勤劳手，创造了辉煌的"跨湖桥文化"，浙江文明史因此上推了1000年；5000年前，良渚人在"美丽洲"繁衍生息，耕耘治玉，修建了"中华第一城"，创造了灿烂的"良渚文化"，被誉为"东方文明的曙光"。而隋开皇年间置杭州、依凤凰山建造州城，为杭州的繁荣奠定了基础。此后，从唐代"灯火家家市，笙歌处处楼"的东南名郡，吴越国时期"富庶盛于东南"的国都，北宋时即被誉为"上有天堂，下有苏杭"的"东南第一州"，南宋时全国的政治、经济、科教、文化中心，元代马可·波罗眼中的"世界上最美丽华贵之天城"，明代产品"备极精工"的全国纺织业中心，清代接待康熙、乾隆几度"南巡"的旅游胜地、人文渊薮，民国时期文化名人的集中诞生地，直到新中国成立后的湖山新貌，尤其是近年来为世人称羡不已的"最具幸福感城市"——杭州，不管在哪个历史阶段，都让世人感受到她的分量和魅力。

这是一座勾留人心的风景之城。"淡妆浓抹总相宜"的"西湖天下景"，"壮观天下无"的钱江潮，"至今千里赖通波"的京杭大运河（杭州段），蕴涵着"梵、隐、俗、闲、野"的西溪烟水，三秋桂子，十里荷花，杭州的一山一水、一草一木，都美不胜收，令人惊艳。今天的杭州，西湖成功申遗，中国最佳旅游城市、东方休闲之都、国际花园城市等一顶顶"桂冠"相继获得，杭州正成为世人向往之"人间天堂"、"品质之城"。

这是一座积淀深厚的人文之城。8000年来，杭州"代有才人出"，文化名人灿若繁星，让每一段杭州历史都不缺少光华，而且辉映了整个华夏文明的星空；星罗棋布的文物古迹，为杭州文化添彩，也为中华文明增重。今天的杭州，文化春风扑面而来，经济"硬实力"与文化"软实力"相得益彰，文化事业与文化产业齐头并进，传统文化与现代文明完美融合，杭州不仅是"投资者的天堂"，更是"文化人的天堂"。

杭州，有太多的故事值得叙说，有太多的人物值得追忆，有太多的思考需要沉淀，有太多的梦想需要延续。面对这样一座历久弥新的城市，我们有传承文化基因、保护文化遗产、弘扬人文精神、探索发展路径的责任。今天，我们组织开展杭州学研究，其目的和意义也在于此。

杭州学是研究、发掘、整理和保护杭州传统文化和本土特色文化的综合性学科，包括西湖学、西溪学、运河（河道）学、钱塘江学、良渚学、湘湖（白马湖）学等重点分支学科。开展杭州学研究必须坚持"八个结合"：一是坚持规划、建设、管理、经营、研究相结合，研究先行；二是坚持理事会、研究院、研究会、博物馆、出版社、全书、专业相结合，形成"1+6"的研究框架；三是坚持城市学、杭州学、西湖学、西溪学、运河（河道）学、钱塘江学、良渚学、湘湖（白马湖）学相结合，形成"1+1+6"的研究格局；四是坚持全书、丛书、文献集成、研究报告、通史、辞典相结合，形成"1+5"的研究体系；五是坚持党政、企业、专家、媒体、市民相结合，形成"五位一体"的研究主体；六是坚持打好杭州牌、浙江牌、中华牌、国际牌相结合，形成"四牌共打"的运作方式；七是坚持权威性、学术性、普及性相结合，形成"专家叫好、百姓叫座"的研究效果；八是坚持有章办事、有人办事、有钱办事、有房办事相结合，形成良好的研究保障体系。

《杭州全书》是杭州学研究成果的载体，包括丛书、文献集成、研究报告、通史、辞典五大组成部分，定位各有侧重：丛书定位为通俗读物，突出"俗"字，做到有特色、有卖点、有市场；文献集成定位为史料集，突出"全"字，做到应收尽收；研究报告定位为论文集，突出"专"字，围绕重大工程实施、通史编纂、世界遗产申报等收集相关论文；通史定位为史书，突出"信"字，体现系统性、学术性、规律性、权威性；辞典定位为工具书，突出"简"字，做到简明扼要、准确权威、便于查询。我们希望通过编纂出版《杭州全书》，全方位、多角度地展示杭州的前世今生，发挥其"存史、释义、资政、育人"作用；希望人们能从《杭州全书》中各取所需，追寻、印证、借鉴、取资，让杭州不仅拥有辉煌的过去、璀璨的今天，还将拥有更加美好的明天！

是为序。

2012 年 10 月

钱塘江全书序

"东南形胜，三吴都会，钱塘自古繁华"。钱塘江古名浙江，亦名渐江或之江，她既是浙江的母亲河，也是我国东南沿海一条独特的河流。钱塘江干流从西向东贯穿皖南和浙北，汇入东海，与金华江、曹娥江、乌溪江、分水江、浦阳江等十余条主要支流，将众多的"明珠"——雄伟奇特的黄山、千岛罗列的千岛湖、"东南锁钥"的仙霞岭、万木参天的天目山、秀比天堂的西子湖、著名古都杭州——串缀起来，形成了一道秀美壮观的风景线。

钱塘江是我国最具有魅力的江河之一，她哺育着流域人民创造了灿烂悠久的历史文化。中华民族的五千年文明，钱塘江功不可没。早在10万年前的旧石器时代，"建德人"就已生活在寿昌江畔；新石器时期，有距今12000—8000年的"上山人"，及距今约8000—7000年的"跨湖桥人"，分别在江畔创造了"上山文化"和"跨湖桥文化"；古越人凭借钱塘江，创造了"越文化"，考古发掘证实古代的河口滨海地带是越文化发源地；在余姚"河姆渡文化"遗址中发现，距今约7000年前已有人工种植的水稻，距今五六千年前已有了水井，说明那时已有灌溉农业和生活供水设施；"马家浜文化"和"良渚文化"遗址的发掘和发现也都证明，钱塘江流域和杭州湾两岸是中华民族文化发祥地之一。

钱塘江流域治水历史悠久，流域人民为治理开发钱塘江付出了辛勤的劳动，流传着许多可歌可泣的治水故事，留下了极其丰厚的历史文化遗产。钱塘江流域名人辈出、群星璀璨的人文画卷，与秀美壮观的天然山水画卷互为映衬，相得益彰，交相辉映。

我国自古重农，举凡"水利灌溉、河防疏浚"，历代无不列为首要工作。生活在钱塘江流域的先民们亦着力兴修水利，发展农业和水运。相传虞舜遣禹治水，疏九河，建农田沟洫；越王勾践在今绍兴境内筑富中大塘和吴塘；东汉卢文台在金华白沙溪上筑三十六堰，为流域最早的梯级引水工程，至今仍灌溉着金华、兰溪一带农田；东汉会稽太守马臻主持筑堤而成鉴湖，为流域最早的大型蓄水灌溉工程，潴三十六源之水，灌溉农田九千余顷。

钱塘江河口北岸为太湖平原，南岸为宁绍平原，地势低平、河网密布、土地肥沃、交通便捷，是江南的"鱼米之乡"、"丝绸之府"，也是历代王朝财赋主要聚敛之地。居住在这片土地上的勤劳智慧的钱塘人民，凭借钱塘江独特的地理优势，尤其是河口地区临江濒海的水土之利，经过几千年的不断开拓和辛勤经营，终于已将钱塘江流域发展成为一方繁荣昌盛、富甲天下的宝地。如今，这片地处长江三角洲经济区南翼的宝地，则已成为社会经济高速发展的沪、杭、甬三大城市环抱之中的一个美丽富饶的"金三角"；并在素有"文化之邦"、"丝绸之府"、"鱼米之乡"之称的盛名下，又博得了一个"旅游胜地"的美誉。

唐代刘禹锡在《浪淘沙》中用"八月涛声吼地来，头高数丈触山回。须臾却入海门去，卷起沙堆似雪堆"，写出了钱江涌潮的壮观气势。以"一线潮"而被誉为"天下奇观"的钱江大潮，令千百年来无数名人墨客为之倾倒，但其"滔天浊浪排空来，翻江倒海山为摧"的破坏力却又极大。为范束江水海潮，先民们在久远的年代就已开始在钱塘江修筑古海塘。现存较早的记述，有春秋时范蠡围田筑堤、东汉初会稽郡议曹华信募土筑防海大塘等。古海塘正史记载始于唐代，及至明代，明嘉靖年间黄光升在海盐创筑五纵五横鱼鳞石塘，犹如水上长城，屹立于大江南北。清代更用胶灰拌米法砌筑，桐油石灰麻丝嵌缝，再加铁件联结，成为钱塘江河口抗御涌潮和巨浪的主要塘型。古代劳动人民以其无比的勤劳智慧，创造了一个又一个海塘建筑的奇迹，值得我们引以为自豪。先人求生存发展，修筑海塘，筑塘围涂，造就了经济与文化繁荣的人间天堂，开辟了富庶的天下粮仓。如今的海塘，强调与大自然的协调，与经济社会发展的协调。站在钱塘江边，看到江水浩浩荡荡奔涌而去，我们更深深地感受到新时代脉搏的激烈跳动，更深深地体会到新时代的发展潮流不可阻挡。

观沧桑巨变，数风流人物，还看今朝。21世纪，杭州正由"西湖时代"向"钱塘江时代"迈进。钱江新城，就是杭州城市新千年发展的龙头工程，引领杭州从"西湖时代"走向"钱塘江时代"的主标志，使杭州的城市格局由"三面云山一面城"演变为"一江春水穿城过"，美丽天堂的大都市梦想、国际化CBD梦想、城市新地标梦想也都将在这里一一实现。钱江新城，已成为杭州城市文化从"精致和谐"走向"大气开放"的奠基性工程。

建筑规划大师沙里宁说过："城市是一本打开的书，从中可以看到它的抱负。"10年来，钱江新城这本已经渐渐打开的书，不仅用高起点规划，描绘城市的美好蓝图，彰显城市的文化品位，用高标准建设，打造世纪精品、传世之作，用高强度投入，创造城市美好的人文环境、生态环境，用高效能管理，营造人与自然的和谐共生，共建共享生活品质之城，向世人展示了她的雄姿和抱负；同时也为当前方兴未艾的城市学研究的开展提供了丰富的素材和宝贵的经验。为此，作为钱江新城的建设者和管理者，杭州市钱江新城建设管理委员会还专门成立了杭州市城市学研究的一个分支机构——杭州钱塘江研究院。

杭州市城市学是研究、发掘、整理、保护杭州传统文化和本土特色文化的综合性新兴学科，钱塘江学是杭州市城市学的重点分支学科之一。为了配合杭州市城市学研究中心开展工作，切实完成各分支机构所承担的"通史＋文献集成＋丛书＋辞典＋研究报告"的系列图书编纂任务，杭州钱塘江研究院组织力量，制订规划，启动了《钱塘江全书》的编纂工作，并陆续推出了一批研究成果。钱塘江学涵盖范围很广，囊括了自然、历史、社会、经济、文化、科技、教育、医卫等领域自古至今的众多研究项目和课题。编纂《钱塘江全书》的目的，就是为了研究、发掘、整理、保护和弘扬钱塘江流域的传统文化和特色文化，不断夯实钱塘江学的学术研究基础，努力将钱塘江学打造成为一座融古汇今的珍贵文化宝库，使钱塘江学这一杭州城市学的重点分支学科，能在推进"软实力提升"战略，推进杭州网络化大都市建设，推进杭州文化名城建设，推进杭州由"西湖时代"迈向"钱塘江时代"的历史进程中，充分发挥其"存史、释义、资政、育人"的独特作用。

我们深信，随着钱江新城建设事业的更大规模发展和钱塘江学研究成果的不断增多，钱江新城这本已经渐渐打开的书，一定会增添更多精彩的新篇章，一定能书写得更加璀璨辉煌。

2013年1月

（郑翰献，杭州市人民政府副秘书长、杭州市钱江新城建设管理委员会主任）

目　录

下篇　钱塘江支流水力开发

参考文献

前　言

　　水能，指水体的动能、势能和压力能等能量资源，是一种可再生能源、清洁能源、绿色能源。早在2000多年前，在埃及、中国和印度已出现水车、水磨和水碓，将水能利用于农业生产。早期的水车、水磨和水碓利用仅将水能转化为机械能，18世纪30年代出现新型水力站，到18世纪末，这种水力站发展成为大型工业的动力，用于面粉厂、棉纺厂和矿石开采。从水力站发展到水电站是在19世纪末。1878年，世界第一座水电站在法国建成。20世纪30年代后，水电站的数量和装机容量均有很大发展。

　　水力资源最显著的特点是可再生、无污染。开发水力资源对江河的综合治理和综合利用具有积极作用，对促进国民经济发展，改善能源消费结构，缓解由于消耗煤炭、石油资源所带来的环境污染有重要意义。在地球传统能源日益紧张的情况下，世界各国都把开发水力资源放在能源发展战略的优先地位。近代大规模的水力资源开发利用，往往涉及整条河流的综合开发，或涉及全流域甚至几个国家的能源结构及规划等，与国家的工农业生产和人民的生活水平提高息息相关。

　　中国不论是水力资源蕴藏量，还是可能开发的水力资源量，都居世界第一位。1912年抱着"实业救国"理想的爱国人士在昆明近郊的螳螂川，建起了中国第一座水电站——石龙坝水电站。但在旧中国，总的水电装机容量只有区区16.3万千瓦（一说为36万千瓦），水电开发速度远远落后于欧美强国。

　　新中国成立后，水电开发呈现一派新局面。"一五"后，水电总装机容量便超过100万千瓦，达101.9万千瓦；1960年，我国自主设计、自制设备、自己建设的第一座大型水电站——新安江水电站建成投产；1975年，第一座百万级水电站刘家峡电站（135万千瓦）

全部建成；此后，白山水电站（150万千瓦）、乌江渡水电站（121万千瓦）、龙羊峡水电站（128万千瓦）、葛洲坝水电站（271.5万千瓦）等一批百万千瓦级的水电站相继建成，到改革开放初期，全国水电装机容量达2031.8万千瓦。

改革开发以来，我国水电开发进入一个较快的发展时期。20世纪80、90年代，先后建成水口（140万千瓦），隔河岩（120万千瓦），岩滩（121万千瓦），漫湾（125万千瓦），广蓄（240万千瓦），五强溪（120万千瓦），李家峡（160万千瓦），天荒坪（180万千瓦），万家寨（108万千瓦），天生桥一、二级（共252万千瓦），二滩（330万千瓦）等水电站；进入新世纪后，小浪底（180万千瓦）、大朝山（135万千瓦）、三板溪（100万千瓦）、公伯峡（120万千瓦）等一批大型水电站建成投产，其中2004年，以公伯峡1号30万千瓦机组投产为标志，我国水电装机容量突破1亿千瓦，超过美国成为世界水电第一大国。此后，龙滩（630万千瓦）、小湾（420万千瓦）、构皮滩（300万千瓦）等超大型水电站相继投产运行；锦屏一、二级，溪洛渡，向家坝，瀑布沟，拉西瓦等巨型水电站相继开工建设。2009年，跨世纪的世界第一大水电工程——三峡工程基本完工，安装32台单机容量为70万千瓦的水电机组，是全世界最大的（装机容量）水力发电站。至2009年底，我国水电装机容量达1.97亿千瓦，不但是世界水电装机第一大国，也是世界上水电在建规模最大、发展速度最快的国家。

钱塘江是中国浙江省第一大河，发源于安徽省黄山市，古名"浙江"，亦名"折江"或"之江"，最早见名于《山海经》。钱塘江全长605公里，流域面积48887平方公里，流域水量丰富，河道落差大，蕴藏着丰富的水力资源。根据1949—1983年《中国水力发电年鉴》，钱塘江流域水力资源理论蕴藏量为282.44万千瓦，可开发的水力资源装机容量211.65万千瓦，年发电量63.65亿千瓦时。

民国时期，已开始查勘并编制开发利用钱塘江流域丰富水力资源的规划。民国18年（1929）10月间，国民政府建设委员会组织查勘队调查钱塘江上游水力资源；民国35年（1946）2月，浙江省政府建设厅组织水利工程技术人员编制《浙江省水利事业实施方案》，将富春江水力资源开发列为首要项目。是年12月成立钱塘江水力发电勘测处，组建钱塘江水力发电勘测队，全面踏勘水系后，选出水力开发地址42处；在勘测和经济调查工作基础上，钱塘江水力发电勘测处完成水电开发计划的编制工作，提出优先开发七里泷（6万千瓦）、街口（8万千瓦）、邵村（2万千瓦）、罗桐埠（2.7万千瓦）、黄坛口（3万千瓦）及灰埠（1万千瓦）等6处，合计22.7万千瓦。但终因政局动荡，工程未及实施。

新中国成立后，钱塘江水力资源的开发，中央、地方、群众一起上，多层次多渠道集资办电，大、中、小并举，并着重梯级开发，充分利用水能，开创了前所未有的水电大发展的新局面。1950年金华县建成的湖海塘水电站，装机200千瓦，是钱塘江流域第一座

水电站，也是新中国成立后的第一座水电站。1959年11月，黄坛口水电站投产发电，装机3万千瓦，是当时国内最早建设的中型水电站之一，被誉为"新中国水电建设打响的第一枪"，是中国水电发展的一座历史丰碑，有"中国水电建设摇篮"之称。1957年4月，我国自行设计、自制设备、自主建设的第一座大型水力发电站——新安江水电站开工建设，1960年4月，首台7.25万千瓦机组发电，至1977年10月，9台机组共66.25万千瓦全部投产。新安江水电站被人们誉为"长江三峡的试验田"，是中国水利电力事业上的一座丰碑、中国人民勤劳智慧的杰作，为国家建设大型水电站积累了宝贵经验，也为国内多座大中型水电站输入了大量人才。此后，富春江水电站

5台机组共29.72万千瓦于1968—1977年间投产；湖南镇水电站4台机组共17万千瓦于1979—1980年先后投产；华光潭一级电站2台机组6万千瓦2005年9月并网。目前，流域内有大型水电站1座，中型水电站4座，装机163.52万千瓦。

20世纪50年代以来，流域小型水力发电站（简称小水电）从无到有，从小到大，波澜壮阔的发展历程，大致经历了三个发展阶段，实现了"三级跳"。20世纪50年代至60年代初，小水电开发，其特点是以解决农副产品加工和广大农村地区生活照明用电为主，群众亲切地称小水电为"夜明珠"，但电站的容量一般偏小，设备较简单，多为群众投资举办。20世纪60年代至80年代，随着一批以防洪、灌溉为主的水库工程的建设，水库坝下电站和以水库为龙头的梯级水电站快速发展，投产了一批大库容、小装机的水电站。1993年以后，浙江省进行了电价和投资体制改革，极大调动了全社会以股份制形式投资开发水电的积极性，流域小水电得到了前所未有的发展。尤其在"十五"以来，以水电农村电气化建设为契机，是新中国成立以来小水电发展最快的时期。至2010年，流域内共建成装机500千瓦以上小水电480座，装机112.28万千瓦。流域小水电建设，已成为广大农村地区社会经济发展的重要基础设施，带动了广大农村地区的经济社会发展，增加了农民收入，提高了农村和农民生产生活条件，社会效益和经济效益显著。

自金华市湖海塘水电站建成以来，钱塘江水电开发走过了60年，建成水电站逾千座，为缓解浙江省电力供应紧张局面发挥了积极的作用，有力地促进了华东地区国民经济发展。但流域水电开发资料较为零散，整理研究工作仍相对薄弱。《钱塘江水电站》一书试图通过对相关资料的系统梳理达到两个目的：一是希望能为开展有关钱塘江水电建设和钱塘江文化的研究工作提供可资参考借鉴的素材；二是希望这些较能反映新中国成立以来钱塘江水电建设发展状况的历史资料，能起到激发人们尤其是浙江人民进一步增强和保护母亲河的自觉性和责任感的积极作用。由于可供本课题研究参考的资料不多，加之笔者学识浅薄，阅历不足，书中疏漏和错误之处在所难免，祈望读者能予指正。

上　篇

钱塘江干流水力开发

第一章　新安江

第一节　新安江水力资源

　　新安江，又称徽港，发源于安徽省休宁县六股尖东坡，源头海拔1350米，初名冯村河，汇龙溪后称大源，纳小源后称率水，在屯溪区左汇横江后称浙江。在歙县浦口和最大支流练江汇合后始名新安江，东入浙江省西部，过千岛湖，在建德与兰江汇合，东北流入钱塘江。干流长373公里，流域面积1.1万平方公里。新安江素以水色佳美著称。江水四季澄碧，清澈见底，夹江两岸，群山蜿蜒，翠岗重叠，山势各殊万态，谷多飞瀑流泉。唐孟浩然诗云："湖经洞庭阔，江入新安清。"新安江作为国家级风景名胜区向有"奇山异

新安江

3

水，天下独绝"之称，今有"清凉世界"的美誉，是一条闻名中外的"唐诗之路"。

新安江上游冯村河，山坡陡峭，河床深切，基岩裸露，多急流瀑布。率水出五龙山脉后，进入山前丘陵地，比降骤减，河流宽200—300米；进入屯溪盆地（长约30公里，宽约7—8公里）后，河谷开阔；屯溪至歙县浦口的渐江河段，比降为0.4‰，河漫滩宽500—2000米，河宽100—300米。在歙县汇入支流练江后，新安江河流曲折，横穿多条北东走向的白际山脉，为坡陡流急的峡谷段，在支流汇合处谷地骤然开阔。街口以下至铜官，原为淳安盆地（长约45公里，宽约8公里），现属新安江水库，有580平方公里的水库库区，原来的山丘重峦形成了1000多个岛屿，因称"千岛湖"。新安江水库以下至梅城，谷地略见开阔，两岸多沙滩，河道平均坡降0.1‰，河宽150—300米，梅城附近河宽约500米。

新安江穿行于崇山峻岭和屯歙、淳遂盆地之间，滩多流急，河床落差大，屯溪至铜官170公里间，有天然落差100米，清黄景仁以"一滩复一滩，一滩高十丈。三百六十滩，新安在天上"的诗句来描绘其磅礴气势。流域水力资源丰富，理论蕴藏量87.7万千瓦，占钱塘江流域总蕴藏量的31.1%。

第二节　新安江水电站

新安江水电站坐落在群山环抱、林木葱郁的浙西建德境内铜官峡谷，是新中国成立后中国自行设计、自制设备、自主建设的第一座大型水力发电站，以发电为主，兼有防洪、灌溉、航运、渔业和旅游业等社会经济效益。

一、工程勘测设计

新安江水力资源的开发研究始于民国36年（1947）。是年，国民政府资源委员会全国水力发电总处钱塘江水力发电勘测处在街口、邵村、淳安、罗桐埠设立水文站，并组成钱塘江水力资源勘测队，于1—6月进行流域踏勘，选出街口、邵村、罗桐埠为重点坝址，进行地形测量和初步地址勘探。同年11月19—24日，浙江省海塘工程局邀请有关部门派员组成钱塘江上游察勘队，勘察了街口、铜官等处坝址，选定街口为研究重点。

民国37年（1948），浙江省地质调查所在黄江潭（第二坝址）进行初步地质钻探。3月10日，浙江省成立街口水力发电指挥部。为争取兴建街口水力发电工程，同年4月上旬，资源委员会、水利部、上海市政府、浙江省政府联合上书行政院，要求将该工程经费列入美国贷款支拨，建议装机8万千瓦，但因政局动荡未果。

新中国成立后，1952年由浙江水力发电工程处负责，以屯溪至洋溪182公里间海拔140米以下地区为重点，全面开展勘测研究。1953年12月，燃料

为我国第一座自己设计和自制设备的大型水力发电站的胜利建设而欢呼！周恩来
一九五九・四・九

周恩来题词

新安江泊舟　采自马时雍《杭州的水》

工业部水力发电建设总局和华东水力发电工程局组成踏勘队，进行全河踏勘，写成初步踏勘报告。

　　1954年1月，水力发电建设总局下达编制《"403"工程（即新安江水电站工程）技术经济调查报告任务书》。华东水力发电工程局勘测处新安江地质队，对

街口、黄江潭、云头、邵村、芹坑、铜官、罗桐埠和白沙等8处坝址进行勘探。水力发电建设总局勘测设计局对8个坝址不同组合的一级、二级和三级开发方案进行比较，选出罗桐埠一级开发和罗桐埠、黄江潭二级开发方案。在地质方面，两个方案都是可行的；在经济指标方面，一级开发远优于二级开发。1955年10月，国家基本建设委员会批准罗桐埠一级开发方案。

工程初步设计始于1955年1月。1956年4月19日，水力发电建设总局正式颁布初步设计技术任务书，规定电站的供电区域、设计负荷水平、施工期限、防空要求等主要设计方向及注意事项。经过不同方案的技术经济比较，选定坝址、坝轴线、坝型和枢纽布置，以及水库各级控制水位、电站装机容量、主要机电设备及施工总体布置、施工进度和施工主要方法等，全部设计费时19个月，约100万字。1957年8月10日，电站初步设计审查意见经国务院批准。8月24日，国家建设委员会下达初步设计批准书，并对技术设计作出批示。

技术设计于1956年3月开始。1957年5月，选定电站施工坝轴线；12月，枢纽布置总体方案通过，并完成坝体及发电厂房的经济断面和厂坝连接方案及坝基处理等技术设计。技术设计后期，在边设计边施工的情况下，施工详图设计与技术设计合并进行。1958年初，上海水力发电设计院派出设计代表组，常驻新安江工地进行现场设计。是年底，施工详图设计基本完成。

二、工程建设

新安江水电站工程原为国家第二个五年计划建设项目。应电力工业部请求，1956年6月20日，国务院批复同意提前列入第一个五年计划和1956年计划。是月25日起，新安江水力发电工程局即调集施工力量，进行具体部署。8月21日，电站准备工程开始施工。1957年3月下旬，准备工程基本就绪。

1957年4月1日，拦河坝右岸坝头基础开挖，电站建设进入主体工程施工阶

新安江水库泄洪

段。基础开挖初期多手工作业，中后期基本采用机械化施工。最高月开挖强度为83334立方米（1957年12月），最高日开挖强度为7571立方米（1958年11月14日）。1959年1月，基础开挖竣工，实际工期22个月，完成工程量613870立方米。

拦河坝施工导流采用分期围堰、底孔导流方案。第一期围堰采用木笼填石，搭建在河床右侧，宽115米，占全河宽的65%，围栏基坑面积2.6万平方米，围堰全长695.4米，共用木笼93只。第一期围堰是50年代国内规模最大的围堰，被国家基本建设委员会定为国家示范工程。1957年8月1日开工，11月14日围堰闭气排水，1958年10月拆除。

为给第二期围堰创造条件，右岸坝体混凝土浇筑时，在第8、9、10号坝段中部，高程20—33米间，预留导流底孔3个。导流底孔断面尺寸10×13米，马蹄形结构，最大泄流能力为8000立方米/秒。二期围堰在河床左侧，长434.5米。顺流一段利用已筑成的坝体，上游纵向和横向段采用木笼与混凝土混合型式，堰宽8米，堰顶高程40米；下游纵向及横向段采用木笼填石及砌石混合型式，堰宽15米，堰顶高程30.5米。1958年8月1日动工；9月15日起，江水经底孔导流；29日，二期围堰闭气排水。

拦河坝与发电厂房基础的固结灌浆、中压灌浆、帷幕灌浆及接触灌浆于1958年2月10日开工，1962年底基本完成。固结灌浆分布在第1—24坝段，孔向为垂直及向下游倾斜5度，孔距2米，共钻孔226个，总长6292.2米。帷幕灌浆沿上下游分布3排，排距为0.8和1.2米。第一排在第2—23坝段，孔向倾上游10度；第二排分布在全部26个坝段及两岸灌浆平洞内，孔向倾上游7

度；第三排分布在第3—21坝段，孔向垂直。3排基本孔距为2米，共钻孔860个，总长42563.1米。

电站拦河坝混凝土量为138万立方米，发电厂房混凝土量为13.4万立方米。坝体混凝土采用分层（每层3—5米）浇筑。35米高程以下由临时拌和系统拌和，自卸汽车运至基坑，手推车分散入仓。35—70米高程的坝体和发电厂房，用"土洋结合，两条腿走路"方法浇筑混凝土：左岸主要由小拌和机群拌和，机关车及皮带输送机运输，手推车接应入仓；右岸由大型机械化、自动化拌和系统拌和，

千岛湖

机关车运送，9台10吨门式起重机吊运入仓。

1958年2月18日（是年春节），拦河坝混凝土开始浇筑，当日下午在右岸基坑隆重举行大坝浇捣典礼。在"今年是关键，明年大决战，争取1960年发电"的号召下，大坝浇筑进度不断加快。但从7月26日起，因水泥供应不足，工程施工时断时续；9月16日至9月30日，混凝土浇筑全面停工；10月初，水泥供应恢复，在"班班不欠账，日日争超额"的口号下，大坝浇筑现场出现你追我赶的竞赛热潮；11月23日开始，坝体施工采用无仓面大体积高块浇筑，最高浇筑块为33米，最大浇筑块为26584立方米；11月30日，左岸坝体开始浇筑，形成左右岸坝体全面升高的局面；12月7日，浇筑混凝土9425.36立方米，创当时的全国纪录。

1959年1月24日，发现坝体混凝土质量事故；2月，左坝头下游岸坡发生数次塌方，坍落石渣2万立方米，同时发生洪水漫过二期围堰及施工中坝段的情况；3月14日，国务院总理周恩来听取了关于电站工程建设情况的汇报，并指示：新安江是国家重点工程，一定要有安全系数，今后供应水泥要保质保量。4月9日，周恩来总理亲临新安江水电站工地视察，并为工程题词："为我国第一座自己设计和自制设备的大型水力发电站的胜利建设而欢呼！"全工地2万余名职工深受鼓舞，再次掀起工程建设的高潮。4月下旬，坝体浇筑接近和超过70米高程，至9月，多数坝段已超过85米高程。4月29日，第10坝段左扇导流底孔闸门开始沉放，次日，第二扇闸门沉放就位。根据水库清理和移民情况，经中共浙江省委同意，9月21日15时40

分，最后一扇导流底孔闸门安装完成，提前一年实现截流蓄水。1960年3月11日23时，拦河坝浇筑到顶；5月26日，坝体和发电厂房浇筑工程全部竣工，历时27个月。最高月浇筑坝体、厂房混凝土量为134805立方米（1959年11月）。

电站安装水轮发电机组9台，第1—9号机组从右岸至左岸顺序排列。1959年10月6日，第一台水轮发电机组——第4号机组安装正式开始，至12月31日，整台机组安装完成，净安装时间为56天。1960年4月22日零时20分并网发电；第3

新安江水库　采自马时雍《杭州的水》

号机组1959年11月开始安装，1960年5月24日投产；第5号机组1960年4月动工安装，10月底基本完成，1961年3月30日投产；第6号机组1963年底安装完毕，1964年2月16日投入运转；第2号机组1965年10月21日竣工投产；第1号机组1966年12月投产发电；第9号机组为双水内冷水轮发电机组，是国家发展巨型水轮发电机组的重大科学研究项目，1966年1月开始安装，1968年10月投产运行；电站最后两台机组——第7、8号机组，先后于1975年12月15日、1977年10月22日投产。至此，9台机组全部安装完毕，总装机容量为66.25万千瓦。1999年4月至2005年1月，新安江水电站在前期充分论证、试验和各项必要准备后，开展增容改造工程，增容改造后，电站装机81万千瓦。

新安江水电站工程经3年建设，于1960年4月第一台机组投产发电；1965年12月竣工，开始验收；结尾工程于1977年10月完成。工程施工建设投用劳动力2013.13万工日，共完成土石方量585.92万立方米，混凝土量175.5万立方米，金属结构制造和机电设备安装达4万余吨，耗用钢材3.62万吨、水泥34.74万吨、木材13.55万立方米。

三、枢纽布置及工程规模

新安江水电站控制流域面积10442平方公里，占新安江流域面积的88.1%。水库具有多年调节性能，设计正常高水位108米，相应面积580平方公里，库容为178.4亿立方米，防洪库容为9.5亿立方米。校核洪水位114米，相应库容为216.26亿立方米，防洪库容为47.3亿立方米。

电站采用混凝土宽缝重力坝厂房顶溢流式水利枢纽，为当时世界同类型式的最大水电站。拦河坝布置在铜官峡谷上段，大坝坝顶长466.5米（其中溢流段长183米），坝顶高程115米，最大坝高105米，坝顶宽挡水段8.5米，溢流段为38.7米。

发电厂房布置在拦河坝溢流段下游坝后，为封闭式结构。主厂房全长216.1米，净宽17米，最大净高42.75米。主机室分为9个区段，从右往左依次安装1—9号水轮发电机组，其中4台单机容量75000千瓦，5台单机容量72500千瓦，共66.25万千瓦，保证出力17.8万千瓦；发电设计水头73米，最大水头84.3米，最小水头57.8米，年发电量18.61亿千瓦时。水轮机输水管道随机敷设，共9条。进水口中心高程73米（其中1、4号机组为68米），进口尺寸为3.7×8.2米，采用喇叭口变成圆形，与埋设坝内的压力输水钢管衔接，输水钢管直径5.2米，长95米（其中1、4号机组为92.38米），末端与水轮机蜗壳相连。

溢洪道布置在拦河坝第7—16坝段和厂房顶。设溢洪孔9个，每孔净宽13米，堰顶高程99米；两溢洪孔之间建造闸墩，宽7米；溢洪孔各安装高10.5米×宽14.47米的平板定轮闸门1扇，由坝顶两台160吨门式起重机启闭。溢流洪水全部经厂房顶齿坎挑射至下游河床，水流最大射程距厂房100米，泄洪能力按水库拦洪调节后下游千年一遇洪水流量9500立方米/秒，万年一遇洪水流量13200立方米/秒校核。

四、工程效益

新安江水电站是中国第一座自行设计、自制设备、自己施工建造的大型水力发电站，被人们誉为"长江三峡的试验田"，是中国水利电力事业上的一座丰碑、中国人民勤劳智慧的杰作，为国家建设大型水电站积累了宝贵经验，也为国内多座大中型水电站输入了大量人才。

新安江水电站建成50多年来，在发电、防洪、航运、渔业、林果业、旅游业等方面，都作出了显著贡献。

1. 发电

新安江水电站是华东电网中的主要调峰、调频和事故备用电源，对降低电网内火电机组煤耗、提高供电质量、保障电网稳定安全经济运行，具有无可替代的地位和作用。新安江电站在华东电网的调频、调峰过程中，除承担早、中、晚三个峰荷外，还在系统早、中、晚三个时段爬坡、卸荷，以及系统特殊需要时的无功进相运行；在华东电网大机组发生事故时，瞬间消失的大功率严重破坏系统稳定，水电站事故备用顶出力的作用显得十分重要。截至2009年12月31日，新安江水电站发电总量达到761亿千瓦时，50多年来为华东地区经济发展作出了重要贡献。

2. 防洪

新安江属山溪性常年河流，夏季多暴雨，常因山洪暴发泛滥成灾。水电站的建设，使洪水下泄流量得到有效控制。经水库调节，新安江流域百年一遇、千年一遇、万年一遇的洪水下泄流量被分别削减58%、63%和66%，使下游农田和城镇堤防的设计防洪能力分别由天然的5年一遇和25年一遇标准提高为20年一遇和100年一遇的标准，免除或减轻了下游建德、桐庐、富阳等城镇和30万亩农田的洪水灾害。至2005年，水库共拦蓄4000立方米/秒以上流量的洪水130余次，其中超过10000立方米/秒的洪水28次，拦蓄水量4491.12亿立方米，占入库总量的

98%，弃水总量90.13亿立方米，仅占入库总量的2%。

3. 航运

新安江原为山溪性河流，滩多流急，船行筏运十分困难，丰水期航运吨位只有30吨，枯水期仅能通行5吨以下小木船。1956年，新安江淳安境内客运量1.8万人次，货运量5.7万吨。水库建成后，库区先后开辟54条新航线，客、货运量逐年增长，年均客运量达200多万人次，年货运量70多万吨。大坝下游江道，由于有电站尾水调节，常年流量一般稳定在200立方米/秒至400立方米/秒，加之富春江水库回水影响，平均水位在22—23.5米，可常年通行50吨货轮和200客位客轮。

4. 水产

建库前，新安江每年鱼产量仅50吨左右。新安江水库形成后，为野生鱼类提供了良好生长环境，加上每年大量投放青、草、鳙、鲤等鱼苗，鱼产量逐年增长，1982年平均年产量1150吨，以后年产量稳定在3500吨左右，在全国八大水库中名列榜首。

5. 供水

历史上每当干旱季节，因钱塘江河口咸潮上溯，杭州市居民生活和工业生产用水常常受到咸潮影响。新安江水电站蓄水发电后，通过合理调度，常年保持200立方米/秒至400立方米/秒发电尾水下泄，有效抑制咸潮上溯。在干旱年份的大潮汛时期，电站可根据杭州市供水需求调度，下泄流量可加大到500立方米/秒至700立方米/秒，以满足杭州市生产生活用水需要。

6. 旅游

新安江素有"第二漓江"之称。两岸群山蜿蜒，自然与人文景观历来甚多。新安江水电站的建成，为新安江增添新的景观。上游，万顷湖水碧波荡漾，千座岛屿星罗棋布，水绿山黛，景色旖旎，有"千岛湖"之美誉。下游，晨时暮间涌起阵阵流雾，凉气袭人，以电站至白沙数公里最为奇特，为避暑休养之胜地。新安江风景区以水见长，山、水、岛、林、石、洞及人工建筑景观互为衬托、浑然一体的特色，成为"三江两湖一山"（钱塘江、富春江、新安江、西湖、千岛湖、黄山）的重要组成部分。1982年11月，富春江—新安江风景区成为全国44个重点风景名胜区之一；2001年，千岛湖风景区成为首批国家4A级旅游景区；2010年，淳安县千岛湖风景区成为国家5A级旅游景区。

进入新世纪以来，新安江水电站陆续被评为浙江省爱国主义教育基地、浙江省红色之旅经典景区、全国工业旅游示范点、杭州市中小学生第二课堂等，年平均接待游客达到10万人次。

第三节　新安江流域小水电建设

一、水力资源查勘规划

20世纪60年代，为开发凤林港流域的水力资源，淳安县和浙江省水利水电勘测设计院进行枫树岭电站勘测规划工作。1978年，鉴于淳安县是新安江水库淹没区，为国家建设作出很大贡献，水利电力部同意兴建。1980年6月，淳安县水电局和杭州市林业水利局水电设计室完成初步设计。

2005年，为合理开发利用凤林港、云源港、武强溪、进贤溪四大流域的水力资源，淳安县编制完成《淳安县"十一五"水电站布局规划》；"十一五"时期，续建新建水电站41座，总装机容量81080千瓦，主要包括云溪梯级水电站（装机5000千瓦）、唐村电站（装机32000千瓦）、木瓜电站（装机5000千瓦）。

二、小水电发展概况

1951年，安徽省徽州专区织布工人鲍良泉利用金墩坝的2米水头，自制直径4米的木水轮机，带动200瓦发电机发电供照明用，开创了新安江水能利用的新纪元。20世纪50年代末至60年代初，在水力资源丰富的山区兴建了一大批微型水电站，解决了部分农村和附近城镇的照明用电问题，被亲切地称为"夜明珠"，深受广大群众的欢迎，是农村机械化、电气化的萌芽。

20世纪60年代中后期开始，随着一批骨干水库建设，小流域水力资源实现梯级开发。1967年淳安县霞源电站建成，利用水库隧洞水流冲击发电，装机1000千瓦，年发电量430万千瓦时；以东方红水库为水源，在虞山溪上先后建成东方红坝下电站、金家岭电站、屏山电站、莲塘电站等4级电站，装机8台，共2600千瓦，年发电量909万千瓦时；丰乐河梯级小水电以丰乐水库为水源，1980年建成坝下电站，安装2×3200千瓦，年发电量2080万千瓦时，1985年，建成丰乐二级

新安江沿线 采自马时雍《杭州的水》

电站，装机1000千瓦。

　　20世纪90年代开始，流域水电建设进入快速发展阶段，先后建成枫树岭、云港一级、云港二级、云港三级、铜山一级、铜山二级、严家等中小型水电站；进入新世纪后，流域小水电建设进入高峰期，十年间共建成500千瓦以上电站29座，装机44160千瓦，在建唐村电站（装机32000千瓦）、木瓜电站（装机5000千瓦）等。截至2010年底，流域内共建成装机500千瓦以上电站64座，装机80.38万千瓦，具体见表1-1。

表1-1　新安江流域装机 500 千瓦以上小电站基本情况

电站名称	所在县市	所在河流	开发形式	装机容量（千瓦）	建成时间
妹滩电站	歙县	新安江	径流	6000	2003
石潭水电站	歙县	新安江—昌源河	引水	4800	2004
郑家溪水电站	歙县	新安江—昌源河—郑家溪	引水	1260	2006.9
葫芦电站	歙县	新安江—大洲源	引水	1000	2005
周家村电站	歙县	新安江—大洲源	引水	1100	2005
枫树岭水电站	淳安县	新安江—凤林港	混合	32000	1992.7
衍昌水电站	淳安县	新安江—凤林港—白马溪	混合	2000	2004.5
宋家埠水电站	淳安县	新安江—凤林港—白马溪	引水	3200	2005.1
洞口水电站	淳安县	新安江—凤林港—洞溪	引水	640	1996.8
花石源水电站	淳安县	新安江—凤林港—花石源	引水	640	2006.10
陈家坞水电站	淳安县	新安江—凤林港—儒洪溪	引水	1200	1999
岭干水电站	淳安县	新安江—凤林港—儒洪溪	引水	2000	1995
儒洪电站	淳安县	新安江—凤林港—儒洪溪	引水	1000	1997.1
岭干电站	淳安县	新安江—凤林港—儒洪溪	引水	1600	1997.1

续表

电站名称	所在县市	所在河流	开发形式	装机容量（千瓦）	建成时间
铜山一级水电站	淳安县	新安江—凤林港—铜山溪	混合	6400	1999
铜山二级水电站	淳安县	新安江—凤林港—铜山溪	引水	4000	1998.3
泰溪水电站	休宁县	新安江—横江	径流	1260	2005
万安坝电站	休宁县	新安江—横江	径流	1000	2003.5
金家岭二级电站	黟县	新安江—横江—虞山溪	引水	900	1977.5
屏山水电站	黟县	新安江—横江—漳水—龙川河—金溪	引水	800	1984
莲塘水电站	黟县	新安江—横江—漳水—龙川河—金溪	径流	500	1984
蔚田电站	歙县	新安江—街源河	引水	800	2005
云溪电站	淳安县	新安江—进贤溪—云溪	引水	4000	2008.9
云溪二级电站	淳安县	新安江—进贤溪—云溪	引水	1000	2009.6
林家坞水电站	淳安县	新安江—浪川溪	引水	2500	2006.12
莲花江珠电站	建德市	新安江—莲花溪	引水	500	1981.4
洋溪水电站	建德市	新安江—莲花溪	引水	1260	2002
宝塔水电站	徽州区	新安江—练江—丰乐水	径流	800	2005.1
丰乐二坝电站	徽州区	新安江—练江—丰乐水	引水	3000	1983
丰乐电站	徽州区	新安江—练江—丰乐水	混合	8000	1980

续表

电站名称	所在县市	所在河流	开发形式	装机容量（千瓦）	建成时间
宏源水电站	徽州区	新安江—练江—丰乐水—浮溪河	引水	1200	2008.10
丰源河水电站	歙县	新安江—练江—富资水—丰源	引水	1260	2005.6
茗州电站	休宁县	新安江—率水	径流	500	1987.3
流口岭电站	休宁县	新安江—率水	径流	1260	2005.2
五明水电站	休宁县	新安江—率水	径流	1300	2009.12
溪口水电站	休宁县	新安江—率水	径流	1260	2000.12
毕村水电站	休宁县	新安江—率水	引水	1890	1999.8
冰潭电站	休宁县	新安江—率水	引水	800	1993.5
叉口亭一级电站	休宁县	新安江—率水—汊水	引水	500	2008
朱村电站	祁门县	新安江—率水—琅溪河	引水	750	2008
车头水电站	祁门县	新安江—率水—琅溪河	引水	850	2009
阳台二级水电站	休宁县	新安江—率水—颜公溪—阳台河	引水	500	2000.12
阳台电站	休宁县	新安江—率水—颜公溪—阳台河	引水	1500	1985.12
长岭水电站	淳安县	新安江—七都	引水	3275	1985.8
长石水电站	淳安县	新安江—七都	引水	950	2006
麟振桥水电站	淳安县	新安江—上坊溪	引水	1000	2000
汪宅水电站	淳安县	新安江—十九都源	引水	600	1980.6

电站名称	所在县市	所在河流	开发形式	装机容量（千瓦）	建成时间
寿昌江水电站	建德市	新安江—寿昌江	径流	750	2005
里渚电站	建德市	新安江—寿昌江—翠坑溪	—	1890	—
六亩电站	淳安县	新安江—桐溪	引水	500	1985.9
合丰水电站	歙县	新安江—桐溪—皂汰源	引水	960	2004.7
汾口水电站	淳安县	新安江—武强溪	径流	800	2009
洄溪水电站	淳安县	新安江—武强溪—洄溪	引水	765	1978.05
霞源水电站	淳安县	新安江—武强溪—霞源溪	坝后	1500	1967.11
木瓜水库水电站	淳安县	新安江—武强溪—札溪	混合	5000	在建
大同坑电站	淳安县	新安江—郁溪	引水	600	1978.12
严家水库水电站	淳安县	新安江—云港	混合	3200	2006
唐村电站	淳安县	新安江—云港	引水	32000	在建
云港一级水电站	淳安县	新安江—云港	引水	5000	1999
云港二级水电站	淳安县	新安江—云港	引水	2520	1996.4
云港三级水电站	淳安县	新安江—云港	引水	1600	1988.3
五龙门水电站	淳安县	新安江—云港	引水	800	2008
里桐电站	淳安县	新安江—梓桐源	引水	645	1974.4

第四节　新安江流域主要水电站

一、枫树岭水电站

　　1959年新安江电站水库蓄水后，由于大量平缓土地及企业、交通、水利、电力、文教、卫生建筑被淹没，淳安县变成贫困县。为增强造血功能，加速恢复和发展经济，在1964年开始对枫树岭水电站进行规划调查，1978年水利部同意把枫树岭水电站作为新安江水库淹没区的补偿性工程。1981年10月完成枫树岭水电站初步设计，1987年水利电力部批准，同年7月淳安县成立枫树岭水电站工程局，1988年10月11日正式动工，1992年5月19日，水库大坝封孔蓄水。1991年1月电站厂房开工，1992年6月发电机组安装完成，7月7日正式投产发电。

　　枫树岭水力发电站位于杭州市淳安县新安江水库库区小支流凤林港枫树岭峡谷，是新安江流域一座跨河流引水式水电站。水电站在凤林港筑坝建库，由隧洞引水至相邻流域夏峰溪支流建厂房发电，发电尾水进入新安江水库。水库集雨面积227平方公里，水库总库容5744万立方米，正常库容5331万立方米，安装2×16000千瓦水轮发电机组，以发电为主，结合灌溉、防洪、水产养殖。

　　大坝为混凝土砌石重力坝，坝顶高程242米，最大坝高63.8米，坝顶长270.3米；坝顶河床部位为溢洪道，溢流堰顶高程233米，共5孔，每孔净宽8米，弧形钢闸门控制，最大泄洪流量2013立方米/秒。发电引水隧洞总长1816米，其中非衬砌段和喷混凝土段内径4.5米，钢筋混凝土衬砌段和钢板内衬段内径3.5米；隧洞末端为双室式调压井，高70.16米。调压井以下采用斜洞引向厂房，以分岔钢管与水轮机连接。发电厂房长32.5米，宽14.5米，发电设计水头123.4米，最大水头136.6米，多年平均年发电量7216万千瓦时。

　　枫树岭电站建成后，按照凤林港流域"流域、梯级、滚动、综合"的开发方针，先后滚动开发了铜山梯级电站、白马梯级电站，使整个凤林港流域的水电资源得以综合开发，经济社会效益显著。

二、唐村电站

为了提高云港流域的水力资源开发利用率，利用已建的龙头水库，通过引水隧洞和发电厂房发电。龙头水库位于淳安县云港溪中游王阜乡界内，坝址以上集雨面积161.3平方公里。发电厂房位于淳安县威坪镇唐村下游220米处左岸山脚，电站尾水接入下游桐溪河道。工程于2009年12月1日开工，预计2011年12月投产发电。

工程主要建筑物有拦河坝、泄洪建筑物、发电引水系统、电站厂房、升压站等。拦河坝坝型为混凝土重力坝，最大坝高22米；泄洪建筑物采用底孔泄洪孔，孔底高程300米，高4.5米，每孔净宽4.5米。发电引水系统在云港溪右岸，由进水口、引水隧洞、压力钢管、岔管等组成，全长5560米。进水口位于龙头水库大坝右坝头上游90米。引水隧洞开挖断面为圆形，洞径4.8米，长5420米，设计引用流量19.52立方米/秒。电站厂区由主厂房、副厂房和升压站组成，其中主厂房安装2×16000千瓦水轮发电机组，年利用2009小时，多年平均发电量6429万千瓦时。

第五节 新安江流域水电梯级开发

一、淳安县云港梯级开发

云港流域面积为251.8平方公里，多年平均径流量为2.67亿立方米，主源长62公里，是淳安县最长的河流，自然落差近900米，平均坡降14.5‰，水力资源分布密度高，梯级综合开发条件优越。2006年5月淳安县水利水电局和淳安县水利水电勘测设计所编制完成了《云港流域综合规划报告》，除已开发的云港一级、云港二级、云港三级电站外，云源港干流规划建设闻家、严家、华坪、管家、唐村、常锦六座电站。目前整个梯级建有调节水库两座：龙头水库，总库容194万立方米，正常库容179万立方米；严家水库，水库总库容2140万立方米，防洪库容1100万立方米，正常库容1624万立方米。流域梯级开发情况见表1-2。

表1-2　淳安县云港水电梯级情况主要技术指标

开发级数	电站名称	开发方式	发电水头（米）	流量（立方米/秒）	装机容量（千瓦）	年均发电量（万千瓦时）	投产时间
1	严家电站	混合	37	—	3200	570	2006.8
2	云港一级电站	混合	44	13.4	5000	925	1999
2	唐村电站	引水	190	19.6	32000	6429	在建
3	云港二级电站	引水	47.2	7	2520	860	1996
4	云港三级电站	引水	31	—	1600	560	1988.3

二、淳安凤林港流域水电开发

凤林港属钱塘江流域新安江水系，开发河段长15公里，集雨面积227平方公里，建有调节水库2座，已开发3级，为铜山一级、铜山二级、枫树岭，总利用水头287.8米，总装机42400千瓦。目前整个梯级建有调节水库两座：铜山水库，总库容1695万立方米；枫树岭水库，总库容5744万立方米，正常库容5331万立方米。

表1-3　淳安县凤林港水电梯级情况主要技术指标

开发级数	电站名称	开发方式	发电水头（米）	流量（立方米/秒）	装机容量（千瓦）	年均发电量（万千瓦时）	投产时间
1	铜山一级电站	混合	109	3.44	6400	1577	1999.4
2	铜山二级电站	引水	55.4	4.3	4000	986	1998.3
3	枫树岭电站	混合	123.4	15.1	32000	7216	1992.7

第二章　兰江

第一节　兰江水力资源

兰江，古称"瀫水"、"丹溪"、"兰溪"、"兰溪江"，当地人习惯以"大溪"称呼。兰江上游马金溪源出安徽省休宁县南部青芝埭尖北坡，至衢州市双港口纳江山港后称衢江（或衢港、信安江），沿途接纳乌溪江、芝溪、灵山港等溪流，至兰溪与金华江汇合后称兰江，自南向北流，至建德梅城与新安江汇合。

兰江素享"三江之汇，六水之腰，七省通衢"之誉。兰江两岸，山水风光绮丽。云山、兰阴山遥相对峙，古城、新区互为映衬。泛舟江面，欣赏山峦秀色，古城新貌，花岛芳姿，垂柳倒影，如置身水墨画幅和镜屏之中，令人陶醉。"金华山高九天半"，"兰江水清千顷强"，"江流燕尾分还合，山扫蛾眉断复连"……沈约、李白、戴叔伦、孟浩然、杜牧、徐霞客、郁达夫都曾在这里留下千古绝唱。"凉月如眉挂柳湾，越中山色镜中看"，"月明洲畔琵琶响"，"晚来渔唱满江城"，江上画舫弦歌，商贾云集，独具吴越风情。

兰江主流长302.5公里，流域面积19467.5平方公里，天然落差787米，河床比降2.6‰。流域属亚热带湿润气候，雨量充足，水力资源比较丰富，理论蕴藏量达40.21万千瓦（不包括乌溪江、金华江、江山港流域），为小水电建设提供了有利条件。

梅城北塔看三江口

第二节　兰江流域小水电建设

一、水力资源查勘规划

新中国成立前，浙江省第五行政督察区专员公署编制《整治衢江水利工程实施方案》，但未及实施。

1959年，浙江省水利水电勘测设计院查勘常山港流域，4月提出《常山港流域查勘报告》，认为干流马金、开化、琚家和支流马尪溪的溪口、龙山溪的三里亭、池淮溪的黄泥坝等6个河段可以建坝，开发应以发电为主，结合防洪、灌溉，并提出两个开发方案。琚家高坝方案：建100米高坝1级开发，装机10万—15万千瓦；为减少淹没，也可改在马金和琚家分两级开发，总装机8万—10万千瓦。琚家低坝方案：在琚家建10—20米低坝，不淹没华埠镇，可得出力7300千瓦至10000千瓦。另在开化县城上游的钟山和支流马尪溪的溪口、龙山溪的三里亭、池淮溪的黄泥坝各建62米或42米的高坝，共装机8万—10万千瓦，并由开化水库引水，沿山开渠至华埠发电。

1962年，常山县提出十年水利规划，拟在支流芳村溪上兴建回龙桥、长汀、牛角、马初和浦口5座水力发电站，共装机4250千瓦，年发电量1560千瓦时。

1965年7—9月，浙江省水利水电勘测设计院会同常山、开化两县查勘后，编成《常山港流域水利规划报告》，提出在干流上兴建琚家、朱家两堰和内桐坞，王山一、二级，毛坞，陈塘坞等水库工程，加高大连塘、东坑、狮子口等水库大坝以扩大灌区，并利用灌溉堰坝和兴建河床径流式水力发电站等，兴建和扩建8处水力发电站，共装机1704千瓦。报告还指出为减少淹没损失，应在支流上实行水力发电梯级开发；芳村溪上建坞口水库，连同回龙桥、马初等处分6级开发，共装机3640千瓦；在中村溪分茅岗一级、二级、三级开发，共装机924千瓦。

1976年开化县组织查勘后编成《马金溪开发治理规划方案》，提出扩建水力发电站、扩建引水渠增建水力发电站、综合利用水轮泵站等，提出马金溪干流分齐溪、大淤、明廉、下淤、龙潭口、挂榜山、罗坞口、深度、华埠、下界首等13

级开发，共装机1.7万余千瓦。

1984年，应开化县人民政府请求，浙江省水利水电勘测设计院协助察勘设计马金溪第二级水力发电站。1985年编成《开化县马金溪上游河段水电梯级开发方案》，建议将1976年规划中高岭村至马金镇间的第二、三、四级合并为1级，在齐溪水力发电站厂房下游黄连口建堰坝，从右岸引水19立方米/秒至马金镇的后山建水力发电站，可得水头31.28米，装机2台共5000千瓦。

1986年，浙江省水利厅组织钱塘江治理开发综合考察时，对常山港的水利综合利用进行规划。规划在"八五"期间开发长风、源口、白虎滩、天马镇、水南、塘边、招贤等7个低水头电站总装机容量1.41万千瓦。

1987年4月，浙江省水利水电勘测设计院会同龙游县水利部门进行灵山港流域水力发电梯级开发选点查勘，于1988年2月编成《龙游县灵山港流域水电梯级开发选点踏勘报告》，提出在沐尘乡建大型水库1座，总库容约1亿立方米，在虹桥建第一级水力发电站，水头45米，装机1.26万千瓦；在溪口镇筑堰引水至石角建第二级水力发电站，水头35米，装机8000千瓦；再引尾水至洪兰村建第三级水力发电站，水头17.5米，装机4000千瓦。

1997年浙江省水利水电勘测设计院编制完成《钱塘江中游"三江"梯级开发规划》和《钱塘江流域综合规划》，兰江、衢江开发以水电为主，兼顾航运和江道整治和砂砾料资源开发。兰江段，按集中开发和分别开发两种方案进行比较，采用兰江集中开发方案，位于金华江、衢江汇合处，电站装机4×7500千瓦，年均发电量1.24亿千瓦时；衢江段，分塔底、安仁铺、红船豆、小溪滩、游埠和姚家六级开发，总装机10.5万千瓦；常山港，分天马、招贤、航埠、阁底等5级开发，装机2.018万千瓦。

二、小水电发展概况

1950年10月，金华县建成钱塘江流域第一座小型水力发电站——湖海塘坝下电站，向金华城区供电；1956年开化县从马金溪的湖头畈灌溉坝开渠引水，建马金电站，获得水头5米，引水流量1立方米/秒，装机30千瓦；1957年衢县杜泽镇建成杜泽铜山庙水电站，装机28千瓦，用于农村照明。这一时期，自发、自用的农村小水电也逐步发展壮大起来，用于生活照明和粮食加工，结束了农村地区点煤油和松明灯的历史。

20世纪60年代中后期到80年代中期，随着一大批中小型水库的建设，兴建了一批水库坝下电站，如铜山源水库电站（装机3750千瓦）、芝堰水库一级电站（装机1520千瓦）、社阳水库电站（装机1120千瓦）等，同时小流域梯级开发也发展起来，在马金溪支流中村溪上兴建了茅岗一级（装机640千瓦）、茅岗二级（装机1380千瓦）、中村（装机500千瓦）、坑口（装机200千瓦）、音坑（装机500千瓦）等5级，总装机容量3220千瓦，年发电量958万千瓦时；在芳村溪上兴建了回龙桥一级（装机320千瓦）、回龙桥二级（装机2240千瓦）、牛角（装机960千瓦）、马初（装机470千瓦）、浦口（装机225千瓦），总装机容量4195千瓦，年均发电1560万千瓦时。

20世纪90年代中期开始，国家为了扶持小水电，制定了一系列"以电养电"的优惠政策，促进了小水电的开发，成为水电建设史上大发展的时期。这一时期水电建设不仅处数多、规模大，建成应村水库电站（装机32000千瓦）、芙蓉水库电站（装机16000千瓦）、沐尘水电站（装机12600千瓦）等水电站；新技术新材料也得到大规模的应用，塔底（装机18000千瓦）、小溪滩（装机16000千瓦）等拦河坝采用橡胶坝，改变了过去靠沿河开渠引水来取得水头的老办法，大大节省投资、投工和土地，缩短了工期且坝上游形成了开阔河面，起到了很好的调节作用。

至2010年底，兰江流域（除金华江、乌溪江、江山港流域外），已建成装机500千瓦以上水电站86座，装机容量20.44万千瓦，具体见表2-1。

表 2-1　兰江流域装机 500 千瓦以上电站主要技术指标

电站名称	所在县市	所在河流	开发形式	装机容量（千瓦）	建成时间
小溪滩电厂	龙游县	兰江—衢江	径流	18000	2006.9
塔底水利枢纽	衢江区	兰江—衢江	坝后	16000	2007.1
江北电站	衢江区	兰江—衢江	径流	540	1999
长风电站	常山县	兰江—衢江—常山港	河床	6400	1996.7
天马水电站	常山县	兰江—衢江—常山港	径流	3780	2004.1
恒丰电站	衢江区	兰江—衢江—常山港	径流	6400	2005.4

电站名称	所在县市	所在河流	开发形式	装机容量（千瓦）	建成时间
碧家河一级电站	开化县	兰江—衢江—常山港—池淮溪	混合	1260	2004.7
碧家河三级电站	开化县	兰江—衢江—常山港—池淮溪	引水	1000	2007.1
碧家河二级电站	开化县	兰江—衢江—常山港—池淮溪	引水	1000	2006
回龙桥二级电站	常山县	兰江—衢江—常山港—芳村溪	引水	2240	1982.11
芳村水电站	常山县	兰江—衢江—常山港—芳村溪	引水	4000	2008
浦口水电站	常山县	兰江—衢江—常山港—芳村溪	径流	960	1976.5
长厅水电站	常山县	兰江—衢江—常山港—芳村溪	坝后	1800	1994.4
马初水电站	常山县	兰江—衢江—常山港—芳村溪	径流	640	1978.1
芙蓉电站	常山县	兰江—衢江—常山港—芳村溪	引水	16000	2005.5
新桥水电站	常山县	兰江—衢江—常山港—芳村溪—东源	引水	640	2007
西岭水电站	常山县	兰江—衢江—常山港—芳村溪—芙蓉溪	引水	800	2006
金源水电站	常山县	兰江—衢江—常山港—芳村溪—上源溪	引水	640	2006
狮子口水电站	常山县	兰江—衢江—常山港—虹桥溪	坝后	1000	1980.5 2004.9
欣欣电站	开化县	兰江—衢江—常山港—马金溪	坝后	1500	1999.5
金溪电站	开化县	兰江—衢江—常山港—马金溪	引水	1000	1974.6 1996.5

续表

电站名称	所在县市	所在河流	开发形式	装机容量（千瓦）	建成时间
青山电站	开化县	兰江—衢江—常山港—马金溪	引水	1070	1972.1 1996.5
坝后电站	开化县	兰江—衢江—常山港—马金溪	坝后	500	1991.9
齐溪电站	开化县	兰江—衢江—常山港—马金溪	混合	10000	1987.12
齐溪增容电站	开化县	兰江—衢江—常山港—马金溪	混合	2500	1997.7
齐溪二级电站	开化县	兰江—衢江—常山港—马金溪	引水	1890	1998.12
齐溪三级电站	开化县	兰江—衢江—常山港—马金溪	引水	1200	2004.5
龙潭电站	开化县	兰江—衢江—常山港—马金溪	引水	1500	1997.4
前山电站	开化县	兰江—衢江—常山港—马金溪	引水	600	1987.3
罗坞口水电站	开化县	兰江—衢江—常山港—马金溪	径流	1500	2006
青河电站	开化县	兰江—衢江—常山港—马金溪	坝后	1600	2004
华埠电站	开化县	兰江—衢江—常山港—马金溪	径流	975	2010
挂榜山电站	开化县	兰江—衢江—常山港—马金溪	径流	1600	2004.10
明廉电站	开化县	兰江—衢江—常山港—马金溪	引水	1280	1966.5 1997.5
茅岗一级电站	开化县	兰江—衢江—常山港—马金溪—中村溪	坝后	800	1976.10
茅岗二级电站	开化县	兰江—衢江—常山港—马金溪—中村溪	引水	1600	1977.2
中村电站	开化县	兰江—衢江—常山港—马金溪—中村溪	引水	500	1982.9

电站名称	所在县市	所在河流	开发形式	装机容量（千瓦）	建成时间
音坑乡水电站	开化县	兰江—衢江—常山港—马金溪—中村溪	引水	500	1984.6
新联电站	开化县	兰江—衢江—常山港—马金溪—苏庄溪	引水	800	2008
大慈岩电站	建德市	兰江—衢江—赤溪	引水	610	1972
三仙桥电站	柯城区	兰江—衢江—大头源	引水	500	1997
半源电站	柯城区	兰江—衢江—大头源	引水	640	2000
九峰水库电站	婺城区	兰江—衢江—厚大溪	混合	6400	2010
金塘电站	婺城区	兰江—衢江—厚大溪	引水	570	2001
灵江电站	龙游县	兰江—衢江—灵江港	坝后	1200	2003
马戍口电站	龙游县	兰江—衢江—灵山港	径流	1350	2000
高排坞电站	龙游县	兰江—衢江—灵山港	径流	575	1979.10
沐尘水库电站	龙游县	兰江—衢江—灵山港	坝后	12600	2009.8
兰头铺水电站	遂昌县	兰江—衢江—灵山港—官源	引水	1890	2006
木车村电站	江山市	兰江—衢江—灵山港—青阳殿溪	引水	640	1975.4
应村电站	遂昌县	兰江—衢江—灵山港—桃溪	混合	32000	2004.6
湖莲水电站	遂昌县	兰江—衢江—灵山港—桃溪	引水	950	2000
洪畈电站	龙游县	兰江—衢江—罗家溪	坝后	800	1978.12
龙田河二级电站	休宁县	兰江—衢江—马金溪—龙田河	引水	800	2008

续表

电站名称	所在县市	所在河流	开发形式	装机容量（千瓦）	建成时间
清水潭电站	衢江区	兰江—衢江—上山溪	引水	960	1998
社阳电站	龙游县	兰江—衢江—社阳港	引水	1120	1974.3
西畈电站	婺城区	兰江—衢江—莘畈溪	引水	500	1960.5
莘畈二级电站	婺城区	兰江—衢江—莘畈溪	引水	640	1983.3
莘畈一级电站	婺城区	兰江—衢江—莘畈溪	引水	1200	1978.12
龙口电站	衢江区	兰江—衢江—铜山源	引水	500	2003
双溪口电站	衢江区	兰江—衢江—铜山源	引水	640	2003
圣池电站	衢江区	兰江—衢江—铜山源	引水	750	2008
铜山溪电站	衢江区	兰江—衢江—铜山源	引水	960	2004
银兴电站	衢江区	兰江—衢江—铜山源	引水	960	2004
河口电站	柯城区	兰江—衢江—铜山源—双桥源	引水	520	2004
涌金电站	衢江区	兰江—衢江—铜山源—双桥源	引水	640	2006
青龙潭电站	衢江区	兰江—衢江—下山溪—圣塘源	坝下	630	2003
东京电站	柯城区	兰江—衢江—芝溪	引水	800	2002
杜家田一级电站	衢江区	兰江—衢江—芝溪	引水	1260	1968
汇源电站	衢江区	兰江—衢江—芝溪	引水	640	2004
龙门电站	衢江区	兰江—衢江—芝溪	引水	800	2005

续表

电站名称	所在县市	所在河流	开发形式	装机容量（千瓦）	建成时间
三源电站	衢江区	兰江—衢江—芝溪	引水	800	2004
仙峰三级电站	衢江区	兰江—衢江—芝溪	引水	800	2006
仙峰电站	衢江区	兰江—衢江—芝溪	引水	1580	2003
桃源电站	衢江区	兰江—衢江—芝溪	引水	600	2008.11
芝溪电站	衢江区	兰江—衢江—芝溪	引水	960	2007
大厦口电站	兰溪市	兰江—大溪	混合	800	2001.6
甲吉电站	建德市	兰江—大溪（麻车溪）	径流	800	2002
芝堰一级电站	兰溪市	兰江—甘溪	坝后	1520	1980.5
芝堰三级电站	兰溪市	兰江—甘溪	引水	600	1997
芝堰二级电站	兰溪市	兰江—甘溪	引水	960	1983.6
下湖山电站	兰溪市	兰江—梅溪	引水	500	2002
禹昌水电站	兰溪市	兰江—梅溪	引水	1000	1981.4 2010 重建
后丈电站	兰溪市	兰江—梅溪	引水	1000	2001.5
邵汤电站	兰溪市	兰江—梅溪	引水	500	2002
城头一级电站	兰溪市	兰江—梅溪—城头溪	坝后	720	1975
姚塘下电站	兰溪市	兰江—梅溪—马涧溪	引水	950	2006

第三节　兰江流域主要水电站

流域内建有装机1万千瓦以上水电站6座，其中干流上有3座，分别为干流上的齐溪水电站、塔底水利枢纽、小溪滩水利枢纽工程，灵山港流域的应村水电站、沐尘电站，常山港支流芳村溪上的芙蓉水库电站；6座水电站总装机容量10.46万千瓦。

一、齐溪水电站

齐溪水电站是马金溪干流开发的龙头电站，位于开化县齐溪镇高岭村，坝址以上集雨面积182.65平方公里，水库总库容4575万立方米，是一座以发电为主，兼有灌溉、防洪等综合效益的水利枢纽工程。工程于1979年4月动工，1986年8月水库封堵底孔蓄水，1987年12月电站建成运行。

工程由拦河坝、引水隧洞和电站三部分组成。拦河坝坝型为小骨料混凝土砌石重力坝，坝顶长156.4米，宽4.5米，最大坝高56.0米，坝顶高程295米，由溢流段和非溢流段组成，共六个坝段，3、4坝段为溢流段，安装高8×10.5米高的钢制弧型闸门，最大下泄流量3344立方米/秒。引水隧洞全长5114.759米，圆形断面，直径4.0米，进水口位于大坝右岸，进口设3×3.5米平板工作闸门。电站主副厂房建筑面积1234.5平方米，安装2×5000千瓦发电机组，设计水头76米，设计

流量16.6立方米/秒，年均电量3661千瓦时。1997年7月，实施马金溪一级齐溪增容工程，新增2×1250千瓦发电机组，总装机达12500千瓦，多年平均电量增到3833.07千瓦时。原衢州市政协主席张复兴视察齐溪电站后，即兴挥毫写下了《西江月·观齐溪水电站抒怀》，词云："山上青松在啸，溪中碧水生珠。今浇石壁现平湖，锁住苍龙献舞。　续建形成梯站，运筹更展宏图。振兴经济创新途，万众同心致富。"

齐溪电站

齐溪水电站的建设，为科学开发开化县水资源积累了经验，其后在马金溪兴建（扩建）了15座电站，开创了水电开发新局面。其同时满足了马金溪下游农民生活、工业生产和6万多亩农田灌溉的用水需求，减少了洪旱自然灾害，有力地保障了人民生命财产的安全，产生了巨大的经济、社会和生态效益。

二、塔底水利枢纽工程

塔底水利枢纽工程是《钱塘江流域综合规划》及《钱塘江中游"三江"梯级开发规划》项目，位于衢江与乌溪江汇合口下游约350米的衢江河段，水库正常蓄水位59.5米，正常库容2080万立方米，以水电开发和改善衢州市城区水环境为主，兼顾航运和改善灌溉条件等综合开发利用。2004年1月开工，2006年2月全部机组投产发电。

工程包括挡水橡胶坝、船闸、泄洪冲沙闸、充排水泵站和电站。挡水橡胶坝共分5跨，每跨坝长85米，总长425米，坝高5.4米，正常挡水高度5.25米；电站装机16000千瓦，年发电量6400多万千瓦时，是一座低水头河床式电站。

塔底电站

　　塔底水利枢纽工程建成后，南到双港口大桥，西到孙姜大桥，衢州市区形成了5.5平方公里的城中湖面，被冠以"信安湖"之称，呈"U"字形环绕衢州古城。在信安湖上泛舟，三江口景观、朝京门码头、衢州古城墙、四喜亭码头、衢江大桥、严家淤、鹿鸣山、桥庵里、信安阁、浮石潭、帝王滩、鸡鸣湿地等景观，形成了一条独具特色的"翡翠玉带"，风景之美让人赞叹不已。

三、小溪滩枢纽工程

小溪滩枢纽

　　小溪滩枢纽工程是《钱塘江流域综合规划》及《钱塘江中游"三江"梯级开发规划》项目，位于钱塘江中游龙游县境内，衢江与灵山江汇合口下游约6.5公里的衢江上，坝址以上集雨面积10462平方公里，水库正常蓄水位40米，正常库容1574万立方米，以水力发电为主，结合改善水环境和库区沿岸灌溉，兼顾航运、旅游等综合效益。工程于2004年11月30日开工，2006年7月15日下闸蓄水，2006年9月第一台机组发电，2007年全部机组运行发电。

　　工程由橡胶坝、充排水泵房、电站、泄洪冲砂闸和船闸等组成。橡胶坝分9孔（5×95米+4×90米），坝总长998米，高为4.5米；大坝左右各设有一座泵站，用于橡胶坝充排水；设有3×12米泄洪冲砂闸；电站安装4×4500千瓦灯泡贯流式机组，年发电量7478万千瓦时，是一座低水头河床式电站。

　　小溪滩水利枢纽建成后，尾水直达龙游石窟江心洲和灵山港，形成一个7.1平方公里的人工湖，与灵山港形成三面环抱龙游县城的状态，远远望去，山水相宜，可谓天成人造两相益。同时通过疏浚与整治相结合的手段，500吨级船舶可通过大坝船闸，对促进龙游县经济社会的发展具有十分重要的意义。

小溪滩电站内景

四、应村水电站

应村水电站位于遂昌县境内，坝址在北界镇上游衢江支流灵山港桃溪上，电站厂址位于北界下游的下墅村，属灵山港流域开发一期工程。坝址以上集雨面积118平方公里，水库总库容2349万立方米，工程以发电为主，担负遂昌电网调峰任务，同时起到改善下游防洪、灌溉和供水条件的作用。工程于2000年开工建设，至2002年8月20日大坝的堆石体填筑基本结束，2003年8月水库导流洞封堵，水库开始蓄水，2004年7月电站正式投产发电。

应村水电站主要工程有拦河坝、泄洪建筑物、发电引水系统、厂房及升压站、跨流域引水系统等。拦河坝为砼面板堆石坝，最大坝高为67.5米，坝顶长为148.5米；泄水建筑物位于左岸紧靠大坝，溢流堰堰顶高程430米，泄水闸为三孔，每孔净宽8米，最大下泄流量1120立方米/秒；发电引水隧洞总长9.7公里，圆洞，直径4米。

电站厂房面积32.5×18.24米，安装2×16000千瓦高水头、高转速混流式水轮发电机组，发电设计水头220米，流量8.23立方米/秒，年均发电量为7094万千瓦

建德兰江晨曦　采自马时雍《杭州的水》

兰江船桥（老照片）　采自马时雍《杭州的水》

时。

应村水电站的建设不但对遂昌县电力的调峰运行发挥重要作用，缓解遂昌县电力供应不足，同时还能在一定程度上改善下游防洪、灌溉和供水条件，有利于促进遂昌县经济的发展。

五、沐尘水库电站

沐尘水库工程是《钱塘江流域综合规划》推荐项目，以防洪、供水、灌溉为主，结合发电和水环境改善等综合利用。工程位于龙游县境内，衢江支流灵山江干流上，集雨面积397平方公里，多年平均径流量4.35亿立方米，库容1.25亿立方米。工程于2006年12月份开工建设，2008年9月大坝结顶，2009年4月基本完工，2009年8月水库一级电站开始发电运营。

工程由拦河坝、溢洪道、放空洞、发电引水建筑物、发电厂及升压站等工程组成。拦河坝坝型为砼面板堆石坝，坝顶长429米，顶宽5.5米，最大坝高56.9米；放空洞布置在右岸，进口底高程140米，洞长282.5米，洞径为7×8米；电站装机2×6300千瓦，最大发电水头52米，年平均发电量3833万千瓦时。

工程的建设，对于保护灵山港流域人民群众生命财产安全、龙南山区群众下山脱贫、改善灵山江流域水环

沐尘电站

沐尘水库全景

境、开发和利用水资源、促进龙游经济和社会可持续发展，都具有重要作用。

六、芙蓉水库电站

芙蓉水库是芳村溪开发之首，是芳村溪流域控制性骨干工程，坝址以上集水面积126平方公里，水库正常蓄水位275米，相应库容8135万立方米，总库容9580万立方米，具有防洪、发电、灌溉、供水等综合效益。2003年4月动工兴建，2005年2月水库蓄水，同年5月11日电站并网运行。

工程枢纽建筑物主要有拦河坝、发电引水建筑物、发电厂及升压站等。拦

河坝为抛物线双曲变厚拱坝，最大坝高66米；泄洪采用坝顶表孔溢流，设3孔，单孔净宽6米，最大泄量为639立方米/秒；发电引水隧洞全长1682米，电站装机2×8000千瓦，最大净水头124.54米，平均水头109.4米，流量4.2立方米/秒，年均发电量3731万千瓦时。

工程的建设，通过水库的拦洪削峰，使芳村溪下游乡、镇的防洪标准从不足3年一遇提高到10—20年一遇；并充分利用芳村溪丰富的水力资源，平均每年可为地方电网提供3731万千瓦时的优质电量，同时可为下游耕地灌溉并为常山县城提供优质水源。

芙蓉水库

第四节 兰江流域水电梯级开发

一、马金溪梯级开发

马金溪流域面积1067.46平方公里，干流长104.17公里，天然落差190米，平均流量39.8立方米/秒，水力资源丰富，仅干流理论蕴藏量达48927千瓦。1963年，在马金溪干流上建成装机450千瓦的水力发电站——城关电站，在20世纪80年代，为开发山区小水电，在认真踏勘、分析的基础上，开化县提出"马金溪十三级梯级开发"的总体思路和开发框架。目前马金溪干流十三级开发已完成十二级，建水力发电站15座，安装发电机组68台，装机容量2.63万千瓦，具体情况见表2-2。

马金溪

表 2-2 马金溪梯级开发水电工程主要技术指标

开发级数	电站名称	开发方式	发电水头（米）	流量（立方米/秒）	装机容量（千瓦）	年均发电量（万千瓦时）	投产时间
1	齐溪水电站	混合	76	16.6	10000	3693	1987.12
1	齐溪增容电站	混合	76	4.24	2500	225	1997.7
1	齐溪坝后电站	坝后	36.2	2.17	500	101.9	1991.9
2	齐溪二级电站	引水	10	24.46	1890	569	1998.12
3	齐溪三级电站	引水	6.9	22.02	740	389	2004.5
5	金溪水电站	引水	5.2	22.4	1000	353	1974.6 1996.5 扩建
6	青山水电站	引水	4.5	25.76	900	346	1972.1 1997.5 扩建
7	明廉电站	引水	6	27	650	370	1966.5 1997.5 扩建
8	龙潭电站	引水	5	37.5	1500	562	1997.4
9	城关水电站	引水	6	9.5	450	200	1963.5
9	前山电站	引水	4	19	600	220	1987.3
10	挂榜山水电站	径流	5	40.08	1600	600	2004.10
11	罗坞口水电站	径流	3.5	51.6	1500	409	2006.4
12	华埠水电站	径流	2.75	74.2	975	388	2011.1
13	欣欣电站	径流	4.5	41.5	1500	540	1999.5

马金溪梯级电站的建设，成为钱江源头一道靓丽的风景，并且带来了巨大的经济效益。有效地解决了中下游生产、生活用水问题，减少了小流域山洪地质灾害的发生，同时促进了生态环境的治理和保护，取得了良好的生态效益。坐落在欣欣电站旁边的金星村被评为省级生态示范村；青山电站的建设，使开化城区出现5公里的人工湖，提升了城市品位；而华埠电站则让华埠千年古镇焕然一新。

二、常山港梯级开发

常山港主流长73.7公里，流域面积2373.6平方公里，天然落差37米，流量

常山港

112.8立方米/秒，水力资源丰富。1996年6月，安装4×1600千瓦发电机组的长风水利枢纽建成，这是常山港干流上兴建的第一座水电站。根据1998年浙江省水利水电勘测设计院编制的《钱塘江流域综合规划》，常山港干流河段开发以发电、航运为主，分天马、招贤、航埠（恒丰）、阁底等4级，实现常山天马镇至衢州双港口约40公里河段通航。目前常山港干流上已建成长风、天马、恒丰水电站，阁底水电站、招贤水电站已完成前期工作，正在招商引资。常山港干流水电开发见表2-3。

表2-3　常山港梯级开发水电工程主要技术指标

开发级数	电站名称	开发方式	发电水头（米）	流量（立方米/秒）	装机容量（千瓦）	年均发电量（万千瓦时）	投产时间
1	长风水利枢纽	径流	8.59	96	6400	2124	1996.6
2	天马水电站	径流	6	114.4	3780	1728	2003.12
3	阁底水电站	径流	5.5	110	4000	1547	规划建设
4	招贤水电站	径流	6.5	128	6000	2308	规划建设
5	恒丰水电站	径流	—	—	6400	2000	2005.4

三、衢江干流梯级开发

常山港和江山港在双港口汇合后称衢江，在兰溪马公滩与金华江汇合后为兰江，衢江干流长82公里，流域面积11477.2平方公里，天然落差37米。根据《钱塘江流域综合规划》和《钱塘江中游"三江"梯级开发规划》，衢江河段实施6级梯级开发，充分发挥航运、发电、改善水环境、防洪、灌溉、水上旅游等功能，实现衢江水资源的综合开发利用。目前，已完成塔底、小溪滩枢纽建设；红船豆水利枢纽工程也于2010年9月开工；安仁铺航电枢纽工程前期准备工作完成；游埠、姚家枢纽建设方案已经确定。6级开发水电装机容量达10.4万千瓦，多年平均发电量达4.26亿千瓦时，对电网起到一定的调峰作用，可以有效缓解衢州、龙游、金华和兰溪等城市目前用电紧张状况。衢江梯级电站情况见表2-4。

表2-4 衢江干流梯级开发水电工程主要技术指标

开发级数	电站名称	开发方式	水头（米）	流量（立方米/秒）	装机容量（千瓦）	年均发电量（万千瓦时）	开工时间	投产时间
1	塔底电站	径流	5.55	345	16000	6314	2004.1	2007.1
2	安仁铺电站	径流	6.04	350	17000	6805	规划	
3	红船豆电站	径流	6.38	370	20000	8044	2010.9	在建
4	小溪滩电站	径流	5.23	415	18000	7478	2004.11	2006.7
5	游埠电站	径流	4.28	426.6	16000	6600	规划	
6	姚家电站	径流	4.28	450	18000	7600	规划	

四、芳村溪水电梯级开发

芳村溪为常山港的支流，主流长50.45公里，流域面积353.6平方公里，落差858米，可利用水头203米，平均年流量13.16立方米/秒，水力资源丰富。据1984年水资源普查，芳村溪干流理论蕴藏量14610千瓦。回龙桥以上山高林茂，河谷深切，落差集中，具备优越的水力资源开发利用条件。芳村溪水电梯级开发于1963年列入常山县第三个五年计划。从1965年回龙桥二级水电站动工，为流域开发小水电开始，目前，流域已完成8级水电开发，装机2.7万千瓦，具体见表2-5。

表2-5　芳村溪梯级开发水电工程主要技术指标

开发级数	电站名称	开发方式	水头（米）	流量（立方米/秒）	装机容量（千瓦）	年均发电量（万千瓦时）	投产时间
1	西岭水电站	引水	—	—	800	—	2006
2	芙蓉电站	引水	109.4	4.2	16000	3731	2005.5
3	回龙桥一级电站	坝下	13.4	3.5	320	128	1970 1981年增容
4	回龙桥二级电站	引水	66.5	5.63	2240	796	1967.11 1982.11 增容
5	长厅水电站	引水	—	—	1800	425	1994.4 2006.8 增容
6	芳村水电站	引水	26	20.5	4000	932	1979.3 2008 重建
7	马初水电站	径流	6.5	3	640	166	1978.1
8	浦口水电站	径流	4	28	960	223	1976.5

第三章　富春江

第一节　富春江水力资源

新安江和兰江在建德梅城汇合后，到杭州市东江嘴一段称富春江（其中梅城至桐庐分水江口的河段又称桐江）。富春江自梅城东北流至乌石滩进峡谷，又东北流与桐庐严陵滩相接，这一段江又称七里泷。七里泷是富春江最为美丽也是最为险要的一段，有"有风七里，无风七十里"之说。唐代诗人方干诗云，"一瞬即七里，箭驰犹是难"，写出了七里泷岸高峰险、水流湍急、船行如箭的危险境况。而清代诗人纪晓岚却写道，"浓似春云淡似烟，参差绿到大江边。斜阳流水推篷坐，翠色随人欲上船"，道出七里泷青山茵茵、碧水涣涣的美妙景致。而今由于富春江水电站建设，原七里泷滩险流急的河道变成碧水坦荡的库区，使如诗如画的七里泷景区更添秀色。

出七里泷富春江水库后，受潮汐影响，进入感潮区；在桐庐县城北左纳分水江后向下游渌渚江、新桥江，右纳大源溪、壶源江；至萧山闻堰镇的小砾山右纳浦阳江后，长102公里，区间流域面积7176平方公里（含分水江3430平方公里）。沿江有灵山幻境、鹳山风光、桐山古迹、瑶琳仙境、阆苑石景、龙门飞瀑等胜景，以及龙门古镇、孙权故里等古迹。

富春江流域温暖多雨，多年平均降雨量1659毫米，多年平均流量1000立方米/秒，从兰溪至富春江电站近70公里间落差有18.3米，蕴藏着丰富的水力资源。

第二节　富春江水力发电站

富春江水电站位于浙江桐庐富春江上，坝址在七里泷峡口，故又称七里泷水电站。上距新安江水电站约60公里，下距杭州市110余公里。地理位置优越，又有新安江大型水库进行调节，两电站联合运行，为华东电网提供了大量的电力。

一、工程查勘设计

抗日战争胜利后，国民政府内的一批有识之士和爱国知识分子，为了发展民族工业，解决工业生产用电问题，便把开发富春江水力资源提到日程上来。1946年2月，浙江省政府建设厅组织部分水利工程技术人员，研究编制了《浙江省水利事业实施方案》，将富春江水力资源列为首要开发项目。同年成立"全国水力发电工程

春江晨曦·采自马时雍《杭州的水》

一江绿水伴青山　采自马时雍《杭州的水》

总处钱塘江勘测处"，从事钱塘江流域水力资源的勘测和开发规划工作。

　　1947年初，钱塘江勘测处组织力量，对钱塘江流域的水力资源进行了全面勘测，在干流和主要支流上选出水力开发地址42处，其中重点水力开发地址有富春江等处。是年上半年开始，集中力量对富春江水力地址进行勘测，年底初步完成富春江水电工程开发计划的编制工作。富春江水电站规划为：控制流域面积32100平方公里，利用水头14米，流量430立方米/秒，装机6万千瓦。

　　新中国成立后，1956年3月，以浙江省水利厅和上海水力发电勘测设计院为主，组成察勘队，对钱塘江全流域进行第二次水力资源和土地资源的普查，编制完成《钱塘江流域察勘报告》，认为"地形地质优良，淹没损失有限，发电出力巨大，交通运输水陆均便，施工场地宽广，继新安江之后，有条件尽早开发"。同年10月开始，上海水力发电勘测设计院开始富春江水力发电工程技术经济调查报告阶段的勘测工作，于1958年7月编制《七里泷水力发电工程初步设计要点报告》，推荐安装6台卡普兰式机组。1961年8月，上海水力发电勘测设计院编竣《富春江工程规模复核报告》，将6台机组改成5台。

二、工程建设

　　1958年7月10日，成立浙江省富春江水力发电工程局，负责工程施工。主体工程采用分期围堰施工。工程建设大致分3个阶段：

　　第一阶段1958年8月动工，左岸第一期围堰于9月6日开始清基，12月竹笼围堰合龙，翌年7月27日闭气排水；1959年10月15日开始浇筑厂房、鱼道的混凝土、钢筋混凝土，1960年11月完成任务后拆除。第二期围堰除局部仍采用竹笼围堰外，上、下游改为土石围堰，1960年初开始清基，12月11日合龙截流。1960年2月完成厂房、鱼道基础及两岸7米高程以上的岸坡开挖；8月完成厂房、鱼道基础的固结灌浆2.77公里和部分帷幕灌浆；1961年6月12日围堰被洪水冲毁，工程陷于困境。次年春，中共浙江省委决定停工缓建。

　　第二阶段从1965年10月复工，至1968年12月第一台机组发电。1966年1月至1967年12月，完成船闸基础及右岸7米高程以下岸坡的开挖；1966年10月至1968年1月，完成溢流坝第三至十六坝段的基础开挖，并在第九至十六坝段的坝踵与坝址增挖齿槽至−5米与−4米高程；1966年10月至1968年第一季度，完成溢流坝

富春江小三峡　采自马时雍《杭州的水》

富春江

及船闸基础的固结灌浆31.22公里，帷幕灌浆20.856公里；1966年10月至1968年9月，完成溢流坝的全部混凝土与钢筋混凝土的浇筑；1968年5月至1969年11月完成船闸混凝土、钢筋混凝土的浇筑。同时建成升压站、开关站和下游两岸护坡。1967年12月开始安装第一台水轮发电机组，次年12月上旬完成，13日水库开始蓄水，25日投产发电。

第三阶段从1969年初至1980年，完成其余4台机组的安装，及各项尾工。其中1969年完成厂房、鱼道的帷幕灌浆，先后累计4.21公里；1970年5月船闸正式通航，1975年完成厂房建设；1977年4月4号机组投产，至此5台机组共29.72万千瓦全部投产，并网发电。

枢纽工程共开挖、填筑土石178.27万立方米，浇筑混凝土59.86万立方米，帷幕灌浆6.72万米，金属结构安装18135.4吨；用钢筋、钢材7400吨，水泥16.65万吨，木材9.79万立方米。

三、枢纽布置及工程规模

电站枢纽主要建筑物有拦河坝、发电厂房、船闸、鱼道、灌溉渠首及升压站、开关站等。

拦河大坝为混凝土实体重力坝，坝顶高程32.2米，最大坝高47.7米，全长554.34米，宽7.5米。总库容9.2亿立方米，正常蓄水位23.0米，库容4.41亿立方米，水域面积56平方公里。

发电厂房最大高度57.4米，长189.15米，净宽19.2米。厂房内安装5台竖轴伞式水轮发电机组，其中1号机组容量5.72万千瓦，2、3号机组为国产，4、5号机组为法国产，容量均为6万千瓦，总装机29.72万千瓦。设计水头14米，最大利用水头22米，设计年平均利用时间3300小时，年发电量9.23亿千瓦时。2006年新增一台6万千瓦水轮发电机组，总装机35.72万千瓦。

鱼道自坝下进口至坝上出口，全长158.75米，总宽9.9米，其中过鱼道净宽3米，分3层，用盘梯接通上、下游。设计纵坡1∶20，水深1.5米，流速1米/秒，两侧设导墙与发电厂房和溢洪闸分隔。建成后观测，过鱼效果极差，未再使用。

溢洪闸总长287.3米，分17孔，每孔净宽14米，高13米，闸底高程11.6米。设弧形钢板闸门，最大泄洪流量33560立方米/秒。

船闸闸室净宽14.4米，有效长度102米，门宽12.4米。采用长廊道分散注水和放水。可通行100吨级船队。

灌溉渠首在拦河坝两端各设1座。北渠进水口位于左坝头，为直径1.2米钢筋混凝土涵管，设计流量1.5立方米/秒；南渠进水隧洞位于右坝头，高3米，宽3.45米，设计流量5立方米/秒。设计灌溉面积6万亩。

四、工程效益

富春江水电站是一座以发电为主，兼有航运、灌溉、渔业、城镇供水和旅游等综合利用效益的大型水电工程。

1. 发电

富春江水电站是一座低水头河床式电站。电站平时承担华东电网调峰、调频和事故备用。为充分利用水能，丰水期间，担负一定的基本负荷。电站总装机容量35.72万千瓦，自1968年12月首台机组发电以来，累计发电300多亿千瓦，对于华东电网的稳定运行和保证供电质量起到了不可或缺的重要作用。

2. 防洪

富春江水电站水库的一个重要特点，就是流域面积大、水库可调库容小，仅为0.77亿立方米，设计规定富春江水库不担负防洪、滞洪任务。但在富春江水力发电厂多年的实践中，积累了成功的经验。根据洪水预报及时预泄，腾出一定库容，供短期拦蓄洪水，削减下游洪峰流量，可为上下游错峰和削峰2000立方米/秒，达到减少洪灾损失的目的。至2008年底，共调度洪水300余场次，错峰削

富春江水电站

峰，极大地减轻了上下游洪灾损失。

3. 航运

水库建成后，库区航道彻底改变了原来的河湾、流急、滩险、船行困难的状况，而成为碧波荡漾的平湖，促进了航运事业的发展。而随着富春江船闸扩建改造工程的建设，500吨级船舶能顺利通航，船闸年货运通过能力将达到2560万吨，将使钱塘江水运与杭甬运河、京杭运河等浙北航道贯通成网，有利于推动地区经济协调发展，实现水资源的综合利用。

4. 供水

电站大坝下游属感潮河段，历来枯水期因咸潮上溯，给沿江城镇居民生活和工业供水造成很大困难。自1979年起，为保障下游沿江城镇和杭州市的供水水质，杭州市政府、省电力公司和华东电网有限公司共同讨论协调，确定电站运行方案，保证下游地区工农业生产和人民生活用水。

5. 旅游

随着富春江水电站建成，往日滩险流急、行船困难的七里泷，险象消失，江水平缓，但两岸风景依旧一派"人行明镜中，帆浮翠屏间"的水乡景致，更为人们所向往；成为国务院首批公布的国家级重点风景名胜区之一，吸引了越来越多的游客来富春江游览观光。

第三节　富春江小水电建设

一、水力资源查勘规划

1956年《钱塘江流域查勘报告》认为，壶源江可在富阳的狮子岭建水库，或在富阳与诸暨交界的汤家和狮子岭分两级建水库，用以防洪和开发水力资源。此时，浦江县在壶源江上游规划建桃岭水库，跨流域引水至桥头建水力发电站，尾水入浦阳江。为此，浙江省水利水电勘测设计院和华东水利学院于1960年1月8日至13日现场查勘，21日编成《壶源江流域规划勘查报告》，建议汤家以上作汤家1级开发、金沙村1级开发、相公村和仁村两级开发等3个开发方案。

为合理开发利用壶源江的水力资源，1992年7月富阳县水电局编制完成《壶源江干流水力资源梯级开发规划及其可行性研究》，将壶源江的水力资源梯级开发分为主、次两个方案。主方案共八级、装机17台，总装机容量3870千瓦；次方案共4级，总装机约2.26万千瓦。1997年，富阳市水利局再次组织人员编制完成《富阳市壶源江梯级开发规划》，壶源江的水电梯级开发分为十二级，总利用水头86.31米，总装机7940千瓦。

二、小水电发展概况

富春江流域内的水电建设起步于20世纪50年代，1956年7月杭州市首座水电站在新登县金河乡胥口村（今富阳市胥口镇胥口村）建成发电，电站设计水头3米，引用流量0.45立方米/秒，装机12千瓦。电站白天为农户磨粉、锯板供电，夜晚给胥口、汪家和金慈3个自然村供电照明。这一时期，流域内小水电建设以兴建径流式电站为主，装机容量小，设备简陋，经济效益较差。

20世纪70年代开始，随着一批中小型水库的兴建，小水电建设取得较大发展。这一时期，水电梯级开发，坝后式、引水式电站因地制宜，高、中、低水头同步发展。肖岭水库梯级电站，共3级开发，一级为坝后式，二、四级电站为引水式，共装机3400千瓦，利用水头87.5米，年均发电量833.3万千瓦时；1978年起，对龙门山水力资源进行梯级开发，至1984年6月建成小水电站5处，装机11台，总装机容量1000千瓦，累计利用水头455米，其中龙林一级电站发电水头达196米。

20世纪90年代开始，尤其是进入新世纪后，随着国民经济持续高速发展，电力供需矛盾进一步突出，小水电也迎来了另一个建设高潮。新建成的电站有：罗村一级（装机1262千瓦）、龙门电站（装机3200千瓦）、罗村三级（装机2000千瓦）、栖鹤水电站（装机2520千瓦）、上臧水电站（装机1600千瓦）、银河电站（装机1800千瓦）等。这一时期兴建的水电站，大多采用股份制形式，电站规模大，建设周期短，经济效益显著。

至2010年底，流域内已建成500千瓦以上电站35座，装机4.43万千瓦，具体见表3-1。

表 3-1 富春江流域装机 500 千瓦以上小电站基本情况

电站名称	所在县市	所处流域	开发形式	装机（千瓦）	建成时间
富春江备用电源水电站	桐庐县	富春江	坝后	1250	1997
肖岭二级水电站	桐庐县	富春江—大源溪	引水	850	1971.7
肖岭一级水电站	桐庐县	富春江—大源溪	坝后	2600	1973.1
肖岭四级水电站	桐庐县	富春江—大源溪	引水	1600	1980.12
壶源江水力发电站	浦江县	富春江—壶源江	引水	2400	1980.4
外胡电站	浦江县	富春江—壶源江	坝后	500	1982.7
壶源江水电站	诸暨市	富春江—壶源江	引水	1270	1982.7
陈家埠水电站	富阳市	富春江—壶源江	引水	640	1995.7
雅坊水电站	桐庐县	富春江—壶源江	引水	960	1996
梅洲电站	富阳市	富春江—壶源江	引水	1440	1997.6
石马岭电站	富阳市	富春江—壶源江	引水	600	1997.6
湖源水电站	富阳市	富春江—壶源江	引水	725	2000.4

续表

电站名称	所在县市	所处流域	开发形式	装机（千瓦）	建成时间
栖鹤水电站	富阳市	富春江—壶源江	引水	2520	2002
新高明水电站	桐庐县	富春江—壶源江	引水	960	2004
飞龙水电站	富阳市	富春江—壶源江	引水	750	2004
恒方水电站	浦江县	富春江—壶源江	引水	500	2004.5
上臧水电站	富阳市	富春江—壶源江	引水	1600	2005
银河电站	富阳市	富春江—壶源江	引水	1800	2006
龙门水电站	桐庐县	富春江—芦茨溪	引水	3200	1996.8
白云源水电站	桐庐县	富春江—芦茨溪	坝后	570	1999
岩石岭水库一级电站	富阳市	富春江—渌渚江	混合	1500	1980.4
岩石岭水库二级电站	富阳市	富春江—渌渚江	引水	2400	1983.6
龙王坎水电站	富阳市	富春江—渌渚江	引水	650	2004
铭锋发电站	富阳市	富春江—渌渚江	引水	500	2005
濮家水电站	桐庐县	富春江—清渚江	引水	640	1979.6
双溪水电站	桐庐县	富春江—清渚江	引水	800	1980.8
大溪边电站	建德市	富春江—清渚江	引水	1000	1983.3
胜利水电站	建德市	富春江—清渚江	坝后	525	1976.1
镇头电站	建德市	富春江—苕溪	引水	640	2000
凤凰水电站	建德市	富春江—苕溪	引水	2100	2005
樟岩电站	建德市	富春江—苕溪	引水	1260	2005
罗村二级电站	建德市	富春江—胥溪	引水	1130	1985.5
罗村一级电站	建德市	富春江—胥溪	坝后	1262	1992.12
罗村三级电站	建德市	富春江—胥溪	引水	2000	1999.2

第四节 富春江流域水电梯级开发

一、壶源江梯级电站

壶源江源出浦江县天灵岩，干流长102.8公里，流域面积760.9平方公里，天然落差676米，比降6.6‰，沿途多低山丘陵，滩多流急，富含丰富的水力资源。1975年，浦江县建成派顶水库坝后电站，装机129千瓦，为壶源江水力资源开发之始。1997年富阳市编制《壶源江梯级开发规划》，壶源江流域水力资源得到有序开发。截至目前，壶源江流域已开发17级，装机14119千瓦，具体见表3-2。

表 3-2 壶源江梯级开发水电工程主要技术指标

开发级数	电站名称	所在地区	开发方式	水头（米）	流量（立方米/秒）	装机容量（千瓦）	年均发电量（万千瓦时）	投产时间
1	派顶电站	浦江县	坝后	18	1	129	25	1975
1	外胡电站	浦江县	坝后	25	3.6	500	49	1982.7
2	石宅电站	浦江县	引水	22	2.5	375	29	1979
3	杭坪电站	浦江县	引水	8	3	250	19	1981
4	恒方水电站	浦江县	引水	—	—	500	62	2004.5
5	荡江电站	浦江县	引水	10.5	9.5	350	48	1983
6	大阳电站	浦江县	引水	4.5	22.22	200	69	1975
7	新高明水电站	桐庐县	引水	13.4	—	960	—	2004
8	雅坊水电站	桐庐县	引水	14	—	960	—	1996

续表

开发级数	电站名称	所在地区	开发方式	水头（米）	流量（立方米/秒）	装机容量（千瓦）	年均发电量（万千瓦时）	投产时间
9	壶源江水电站	诸暨市	引水	18	6	1270	208	1982.7 2008技改
10	石马岭电站	富阳市	引水	6	13.02	600	—	1997.6
11	上臧水电站	富阳市	引水	8.5	—	1600	—	2005
12	湖源水电站	富阳市	引水	6.9	17.6	725	273	2000.4
13	梅洲电站	富阳市	引水	9.2	11.88	1440	306	1997.6
14	飞龙水电站	富阳市	引水	4	—	750	—	2004
15	栖鹤水电站	富阳市	引水	15	20.48	2520	588	2002
16	陈家埠水电站	富阳市	引水	7.2	13.9	640	250	1995.7
17	横槎水电站	富阳市	引水	4	6	150	—	1990.5

二、建德市胥溪梯级电站

胥溪又称乾潭溪，主流长41.7公里，流域面积193.73平方公里，天然落差467米，比降11.5‰，平均流量2.97立方米/秒，水力资源丰富。目前开发河段长13.1米，集水面积61.5平方公里，已开发3级，总利用水头149.2米，装机4390千瓦；梯级开发建有调节水库1座——罗村水库，总库容2180万立方米，正常库容1950万立方米。梯级开发电站情况见表3-3。

表3-3　建德市胥溪梯级开发水电工程主要技术指标

开发级数	电站名称	开发方式	水头（米）	流量（立方米/秒）	装机容量（千瓦）	年均发电量（万千瓦时）	投产时间
1	罗村一级电站	坝后	47.2	3.2	1260	309	1992.12
2	罗村二级电站	引水	50	3	1130	384	1985.5
3	罗村三级电站	引水	52	3.5	2000	510	1999.2

三、富阳市清渚江梯级电站

清渚江主流长43.5公里，流域面积221.6平方公里，天然落差565米，平均比降12.9‰。目前干流上建电站5座，利用水头266.5米，装机3315千瓦，多年平均发电量857万千瓦时；整个梯级内建调节水库1座——胜利水库，总库容280万立方米，兴利库容122万立方米。梯级开发电站情况见表3-4。

表3-4　清渚江梯级开发水电工程主要技术指标

开发级数	电站名称	开发方式	水头（米）	流量（立方米/秒）	装机容量（千瓦）	年均发电量（万千瓦时）	投产时间
1	老虎头电站	引水	58	0.86	350	64	1984
2	濮家电站	引水	67	1.118	640	150	1979.9
3	双溪电站	引水	83	1.7	800	183	1981.6
4	胜利电站	坝后	20.5	3.7	525	150	1976.10
5	大溪边电站	引水	38	3.7	1000	310	1983

四、桐庐芦茨港梯级电站

芦茨港主流长19.7公里，集雨面积121.86平方公里，天然落差157米；开发河段长14.5公里，利用水头189米，装机2140千瓦，已基本完成小流域梯级开发。整个梯级建有调节水库2座——白云源水库，总库容313万立方米，正常库容214万立方米；关里水库，总库容64万立方米，正常库容51.2万立方米。梯级电站具体见表3-5。

表 3-5　桐庐芦茨港梯级开发水电工程主要技术指标

开发级数	电站名称	开发方式	水头（米）	流量（立方米/秒）	装机容量（千瓦）	年均发电量（万千瓦时）	投产时间
1	白云源电站	坝后	38	2.5	570	—	1999
2	关里一级电站	坝后	22	0.9	175	45	1973.4
3	关里二级电站	引水	40.5	1.02	325	72	1977
4	关里三级电站	引水	33	0.66	350	—	1975
5	关里四级电站	引水	26	1.58	320	55	1980.8
6	关里五级电站	引水	29.5	2	400	104	1985

下 篇

钱塘江支流水力开发

第四章　金华江

第一节　金华江水力资源

　　"闻说双溪春尚好，也拟泛轻舟。只恐双溪舴艋舟，载不动，许多愁"，这是南宋女词人李清照客居金华时所写的《武陵春》，其中"双溪"就是东阳江、武义江交汇形成的金华江。金华江又名婺江，是钱塘江水系最大的支流，金华以上称东阳江，又名东江、东港。主源北江发源于磐安县龙乌尖，西流至双溪称西溪，北流过横锦水库，经东阳歌山、卢宅，义乌下骆宅，至义乌市中央村汇南江后称东阳江，过义乌佛堂、金东澧浦，武义江从左岸汇入，再向西北流至兰溪马公滩注入兰江。其主要支流有南江、武义江、白沙溪等，均从左岸汇入。

　　金华江全长194.5公里，流域面积6782平方公里，天然落差627米，比降3.1‰。干流上游和诸支流散布于黄土丘陵间，水力资源丰富，据1981年浙江省水力资源普查，金华江流域水力资源理论蕴藏量25.22千瓦，可开发资源量17.29万千瓦，年均发电量5.2亿千瓦时。

第二节　金华江流域小水电建设

一、水力资源查勘规划

抗日战争胜利后，金华江水利工程处拟订《武义江水力发电及灌溉工程意见书》，建议在寿溪附近筑坝拦截武义江蓄水，开渠引水灌溉金华、兰溪、义乌等农田30余万亩，同时结合湖海塘水力发电站，供给金华、义乌、汤溪等地。

1949年，钱塘江水力发电勘测处编制《永康江山嘴头水力发电计划概要》，拟于金华县山嘴头拦河筑坝，抬高武义江水位12米，装机1600千瓦，灌溉下游金华盆地农田。

新中国成立后，1958年，浙江省水利厅编制完成《东阳江流域查勘规划报告》，拟于1958—1959年兴建小型水库200座，蓄水5500万立方米，建横锦水库，蓄水8980万立方米，建小型水力发电站91处，共装机4285千瓦。1959年，浙

金华江

江省水利水电勘测设计院查勘永康江，编成《永康江流域查勘报告》，提出防洪、灌溉、航道、发电等方面的规划，拟建9座水电站，装机53526千瓦。

1986年，金华市水利电力局提出《关于金华江流域开发利用的规划设想》，建议上游以水力发电为主，除已建电站外，拟在杨溪、双溪、麻阳溪、梅溪、白沙溪新建或改建水力发电站38座，装机75780千瓦；中游建水力发电站、电力提水站，实行水电、航运和水产养殖等多目标梯级开发，金华至兰溪河段分4级，义乌至金华河段分5级。

二、小水电发展历程

新中国成立前，金华江流域没有水电站，水力资源的开发，仅在部分天然落差较大的小溪上建造水碓，用于舂米、磨粉。义乌上溪镇水碓村、水碓张村、武义壶山街道水碓坑村、西联乡上水碓坑和下水碓坑等，都因曾有过水碓，即以水碓为村名。1946至1947年，省水利局技正徐焕章经查勘，由义乌县政府承报浙江省政府，曾要求兴建"画溪水力电厂"，但由于经费问题，工程未实施。1946年冬，浙江省水利局在安排金华江水利工程计划中提出"金华湖海塘经疏浚开挖沟渠后，可蓄水灌田约12000亩，并可利用水位差发出马力470匹，供应城区电灯及工业原动力，估需经费约4.2亿，俟测量设计后，再行实施"。后因"贷款尚

未拨到，或因工程受益费征收未有成数，未能积极展开"。

新中国成立后，金华专署即向省人民政府提出要求兴建湖海塘工程。经省政府批准，核拨大米2715吨（543万斤），采取以工代赈的办法，扶助兴建。1949年12月，建立"金华湖海塘水力发电暨灌溉工程委员会"，于1950年1月2日正式动工。建设内容包括：梅溪拦河坝，苏孟引水渠，湖海塘一库、二库、三库（共蓄水249万立方米），溢洪道及附属建筑物、灌溉渠系，发电厂进水渠、平水池、厂房（安装200千瓦水轮发电机组1台）及尾水渠、下游灌溉渠系等。1950年9月30日，电站试车发电，10月25日正式向金华城区供电。这是金华地区有史以来第一次使用水力发电，它不仅是钱塘江流域第一座水力发电站，也是新中国成立后投产的第一座水电站。

1958年5月双龙水电站动工兴建。这个电站利用金华山双龙、九龙两股泉水，汇合后水头落差196米，用1台水轮机装2台256千瓦的发电机组，总装机512千瓦（后改为640千瓦），于1959年9月30日中华人民共和国成立十周年前投产发电，这是金华江流域第一座总装机500千瓦以上的引水式高水头水电站。双龙电站建成后，金华地

委决定兴建少年水电站，并在此基础上，兴建"一垄八站"，创小流域梯级开发首例，促进小型水力发电的发展。1960年3月14日下午，毛泽东主席视察了双龙水电站，同年11月26日朱德委员长携夫人康克清也视察了双龙和少年电站。

白沙溪

　　1960年2月，金兰水库开始蓄水。3月，流域内第一座单机500千瓦以上的水电站——金兰水库坝后式水电站装机4080千瓦（3×1360千瓦）建成投产，对当时的电力供应面貌产生了很大影响。1962年5月1日金兰电厂和原金华电厂合并成

义乌半月湾

立金华专区电力公司，开始建设地方小电网，是当时全国最早以小水电供电为主的地区性小电网之一。1961年5月，横锦一级电站（总装机6000千瓦）第一台3000千瓦机组投产，第二台机组也于1965年3月建成。

"文化大革命"期间，水电建设排除各种干扰，仍有较大发展。1970年金华县成为全省首个小水电装机超万千瓦的县；金华苏孟、武义麻阳等一批骨干电厂投产，为完善小流域梯级开发打下了基础。1975年，东阳南江一级电站建成，全县（含今东阳市和磐安县）小水电装机容量也超过万千瓦。

改革开放后，水电建设随着国家经济体制改革而不断改革。根据国家和省提出的"大中小并举"、"国家办电与地方群众办电相结合"和小水电"自建、自管、自用"的方针，以及实行"以电养电"和"大电网对地方办的县（市）电网和小水电，实行补助"的政策，"依靠全社会和广大群众的力量来办小水电事业"，小水电发展又迎来一个高峰期。

1981年建成的西湖一级水电站，利用水头474米，装机320千瓦，发电水头居钱塘江流域之首。1981年12月，利用排埠头水轮泵站出水池跌入金华江的落差，修建兰溪排埠头电站，是金华江干流上第一座水电站。1983年12月，国务院转批水利电力部"关于积极发展小水电建设中国式农村电气化试点县"的报告，武义县列为全国第一批100个农村电气化试点县之一；1989年10月，省水利厅受省人民政府委托组织验收，通过武义县为农村初级电气化县。1985年11月，马昂电站建成，全长27.6公里的麻阳港自源头至溪末的水力资源得到比较充分的利用。1999年3月和2000年6月，先后建成装机1万千瓦的沙畈水库一级、二级电站；同时在东阳江、金华江干流上，先后建成半月湾、杨卜山、塔下水轮泵站和河盘桥橡胶坝水电站。截至2009年底，流域内共建成装机500千瓦以上电站57座，装机11.929万千瓦，具体详见表4-1。

表4-1 金华江流域装机500千瓦以上电站基本情况

电站名称	所在县市	所在河流	开发形式	装机容量（千瓦）	建成时间
河盘桥电站	金华市	金华江	径流	4000	1999
大甫电站	婺城区	金华江—白沙溪	引水	800	2000
金兰一级电站	金华市	金华江—白沙溪	坝后	5400	1960.5
金兰二级电站	金华市	金华江—白沙溪	引水	960	1960.5
门阵水电站	遂昌县	金华江—白沙溪	引水	800	2008
沙畈电厂	金华市	金华江—白沙溪	混合	10000	1999.3
沙畈二级电站	金华市	金华江—白沙溪	引水	10000	2000.6
半月湾水轮泵站	义乌市	金华江—东阳江	径流	1800	2003.1
横锦一级电站	东阳市	金华江—东阳江	坝后	9750	1961.5
横锦二级电站	东阳市	金华江—东阳江	引水	1800	1972
江滨电站	东阳市	金华江—东阳江	径流	1000	2005
寺口垅电站	金东区	金华江—东阳江	坝后	645	1977
塔下水轮泵站	义乌市	金华江—东阳江	径流	1120	1985.5

续表

电站名称	所在县市	所在河流	开发形式	装机容量（千瓦）	建成时间
杨卜山电站	金东区	金华江—东阳江	径流	1800	1993
杨宅水轮泵站	义乌市	金华江—东阳江	径流	1705	1986.3
八达电站	东阳市	金华江—东阳江—八达溪	混合	8000	1997
东吴水电站	磐安县	金华江—东阳江—八达溪	引水	1260	2000.1
东方红电站	东阳市	金华江—东阳江—白溪	坝后	1590	1983.12
龙头坑水电站	东阳市	金华江—东阳江—白溪—乌竹溪	引水	1260	2007.11
金鹊桥电站	金东区	金华江—东阳江—赤松溪	引水	800	2006
岩口水库水电站	义乌市	金华江—东阳江—航慈溪	坝后	570	1968.1
大源电站	东阳市	金华江—东阳江—南江	引水	1260	2006
南岸电站	东阳市	金华江—东阳江—南江	引水	640	1992 2008 技改
南江一级电站	东阳市	金华江—东阳江—南江	坝后	6230	1975.1
南江二级电站	东阳市	金华江—东阳江—南江	引水	1600	1980.3
岩下电站	东阳市	金华江—东阳江—南江	引水	2520	2006
台口水电站	磐安县	金华江—东阳江—南江—安文溪	引水	640	1998

电站名称	所在县市	所在河流	开发形式	装机容量（千瓦）	建成时间
深溪水电站	磐安县	金华江—东阳江—南江—安文溪	引水	500	1999
花溪水电站	磐安县	金华江—东阳江—南江—安文溪	引水	1260	2000.9
双溪水电站	磐安县	金华江—东阳江—双溪	混合	1890	2002.9
古寺水电站	义乌市	金华江—东阳江—吴溪	引水	570	1980.5
姜山头水电站	磐安县	金华江—东阳江—西溪	引水	3200	1995
九溪水电站	磐安县	金华江—东阳江—西溪	坝后	630	2004.4
白沙驿电站	婺城区	金华江—马达溪	引水	960	2002.9
双龙电站	婺城区	金华江—盘溪	引水	640	1959.9
国湖电站	金东区	金华江—武义江	引水	2400	1983.7
方坑一级电站	武义县	金华江—武义江—八仙溪	坝后	640	1981.6
安地一级电站	金华市	金华江—武义江—梅溪	坝后	6000	1963.1
苏孟电站	婺城区	金华江—武义江—梅溪	引水	1260	1971.5
郑宅电站	婺城区	金华江—武义江—梅溪	坝后	2510	1998.12
清溪口电站	武义县	金华江—武义江—清溪	坝后	500	1986.8
大田水力发电厂	武义县	金华江—武义江—熟溪—乌溪	引水	1950	1969 2010 重建

续表

电站名称	所在县市	所在河流	开发形式	装机容量（千瓦）	建成时间
马昂电站	武义县	金华江—武义江—熟溪	引水	750	1985.11
麻阳一级电站	武义县	金华江—武义江—熟溪—麻阳港	坝后	500	1980.7
麻阳二级电站	武义县	金华江—武义江—熟溪—麻阳港	引水	3200	1977.12
麻阳三级电站	武义县	金华江—武义江—熟溪—麻阳港	引水	570	1971.12
山后坑电站	武义县	金华江—武义江—熟溪—麻阳港	引水	625	1983.2
源口一级电站	武义县	金华江—武义江—熟溪—麻阳港	坝后	2700	1975
横山电站（源口二级）	武义县	金华江—武义江—熟溪—麻阳港	引水	680	1977.12
源口三级电站	武义县	金华江—武义江—熟溪—麻阳港	引水	750	1980.4
直源电站	武义县	金华江—武义江—熟溪—麻阳港	引水	1630	1999.4
太平电站	永康市	金华江—武义江—永康江—华溪	坝后	600	1980.7
三渡溪一级电站	永康市	金华江—武义江—永康江—华溪	坝后	640	1983.4
杨溪电站	永康市	金华江—武义江—永康江—杨溪	坝后	2820	1983.5
高眉电站	兰溪市	金华江—杨溪	引水	640	2004

第三节 金华江流域主要水电站

一、横锦水库电站

横锦水库位于东阳市东阳江镇横锦村，金华江上游东阳江上。坝址以上控制流域面积383.26平方公里，主流长44公里，水库总库容2.8085亿立方米，相应水位173.97米，正常库容1.703亿立方米，正常水位162.5米，是以灌溉、防洪为主，结合发电、养鱼等综合利用的大型水库。工程于1958年9月动工兴建，1964年12月基本建成；1977年冬开始保坝工程施工，1984年秋基本结束；2005年开始

横锦水库

实施横锦水库除险加固工程，2008年基本完成。

　　枢纽工程由大坝、溢洪道、输水隧洞、放空隧洞和电站部分等组成。大坝坝体系黏土薄心墙砂壳坝，最大坝高57.5米，坝顶长300米；溢洪道在左岸，为开敞式，最大泄洪能力4546.4立方米/秒；输水隧洞在左岸，其进水孔分两孔，每孔高3.2米，宽1.6米，主洞衬砌后直径3.5米，长192.56米，出口有3个支洞，一个灌溉支洞，两个发电支洞，发电支洞每个长22米，洞径2米，过水能力是12.3立方米/秒；放空隧洞在右岸，洞径3米，洞长414.95米，最大泄水能力123.6立方米/秒。

　　横锦水库电站共分两级，一级为坝后式电站，安装2×3000千瓦水轮机发电机组，共6000千瓦、设计水头32.5米。电站厂房于1960年1月动工兴建，当年8月开始机组安装，1961年5月7日第一台机组发电，第二台机组于1964年8月开始安装，1965年3月24日并入系统运行，设计年发电量2016万千瓦。1996年完成电站更新改造，电站增容为2×4000千瓦，年均利用3232小时，发电量2586万千瓦时。

　　二级电站为明渠引水式电站，装机1800千瓦，设在水库灌区总干渠末端，由两处电站组成；一处电站利用非灌溉期间水量和灌溉期多余水量发电，尾水流入东阳江，装有800千瓦发电机组2台，设计水头13米，设计年发电量440万千瓦时，于1979年由横锦水库设计、施工安装，1981年4月1日投产发电；另一处电站利用总干渠和南干渠水面落差5米，渠底落差3.3米，在南干渠进口安装100千瓦发电机组2台，年均发电量60.25万千瓦时，1966

年兴建，1972年投产。

二、南江水库电站

　　南江水库位于东阳市湖溪镇，金华江上游东阳江支流南江上。大坝以上南江主流长38公里，流域面积210平方公里。水库总库容6666.7万立方米。1969年12

南江水库

月动工兴建，1972年11月完工。1990年9月，实施南江水库进行扩建加固工程，1996年5月竣工。扩建后，南江水库由中型水库升格为综合性大（二）型水库，增加蓄水量2562万立方米，水库总库容1.167亿立方米，正常库容9196万立方米。

南江水库工程由浆砌石重力坝、发电输水洞和电站等组成。扩建后，大坝坝顶高程213米，宽8米，坝长208米；输水隧洞在右岸，洞径3.5米，洞长147.68米。主洞出口用钢板封住，作水库放空用，在主洞边上分出一支洞，洞径3米，在支洞上又分设2个发电支洞和1个灌溉支洞，洞径均为1.5米，灌溉支洞在发电水不能满足灌溉需要时动用。

南江水库电站设两级，一级电站为坝后式电站，位于大坝左侧，通过隧洞引水到水轮机，安装2×1250千瓦发电机，设计水头28米，年发电量826万千瓦时。一级电站于1970年3月动工，1975年10月投产运行，1992年10月，电站增容1台2000千瓦发电机组，设计水头33.7米，1997年又增1台500千瓦机组。在水库扩建后，水库蓄水位比原设计提高5米的有利条件下，2008年电站完成电站技改增容工程，一级电站装机达6230千瓦。

水库二级电站位于总干渠末端，利用总干渠和北干渠之间的落差而建，装有2台500千瓦发电机组，1980年3月投入运行。灌溉期水头8米，机组最大出力340千瓦，发电后水流入北干渠；非灌溉期落差13米，机组最大出力500千瓦，尾水流入南江。2008年，南江水库二级电站完成技改增容，电站装机2×800千瓦。

三、金兰水库电站

金兰水库位于金华市婺城区琅琊镇大岩村，在金华江支流白沙溪上，是全省地方兴建的第一座中型水库。集雨面积270平方公里，总库容9490万立方米，正

金华金兰水库

常库容6800万立方米，以灌溉为主，兼顾发电、防洪、养鱼等。主体工程于1958年4月5日正式动工，1959年第一期蓄水高19米，库容1290米；1960年9月大坝按设计坝高41.5米，正常库容6800立方米完成；1969年至1972年增建泄洪隧洞；1978年至1987年，增建非常溢洪道。

水库大坝坝顶总长712米，中间河床段长239米，为黏土心墙砂壳坝，左端长302米，右端长171米，均为均质土坝；泄洪设施有3处；坝头溢洪道为控制式，安装8扇4.5×5.8米弧形闸门，坝底泄洪洞，为6×6米的拱形隧洞，非常溢洪道按保坝标准施工，高度相对坝高39米（较正常蓄水位高1米）；输水隧洞总长80米，洞径3.3米，出口处有3个支洞，洞径2.4米。

金兰一级电站为坝后式电站，设计水头17米，最高水头23米，安装3台1360千瓦水轮机发电机组，总装机容量4080千瓦，于1960年3月建成投产，是金华江流域最早建成的单机500千瓦以上的水电站。1996年经批准，金兰一级电站实施扩容改造，第一期改造1号机组，增容到1800千瓦，1997年3月并网发电；第二期改造2、3号机组，每台增容到1800千瓦，1998年1月并网发电。扩容后，电站总装机5400千瓦，年均发电量1100万千瓦时，年均利用2037小时。

　　金兰二级电站位于水库大坝下游白沙溪西岸第一堰进水口处，利用东总干渠与白沙溪落差兴建，尾水入白沙溪。1960年5月建成，电站装机3×200千瓦，水头10米；1966至1968年对电站进行三项改造，将设计水头提高到13.5米，最高水头14米；1978年12月扩建为3×250千瓦，共750千瓦；1996年8月增容改造，原3×250千瓦机组改造为3×320千瓦的水轮发电机组，1998年1月建成投产，年均发电量300万千瓦时，年均利用3125小时。

四、安地水库电站

　　安地水库位于金华市婺城区安地镇，拦武义江支流梅溪上游，集雨面积162平方公里，总库容6621万立方米，正常库容5875万立方米，以灌溉、发电为主，结合防洪、养鱼等综合利用。1959年10月正式动工，1960年3月大坝堵口完成，开始蓄水；1963年浙江省水利水电勘测设计院完成扩大初步设计，全部工程于1965年12月完成。

　　拦河坝为黏土心墙砂壳坝，坝高47米；压力输水隧洞开设在坝右凤凰山体

安地水电站

内，洞径2.6米，长90米，流量14.66立方米/秒；泄洪设施为3孔深孔泄洪闸，闸孔净宽21米，安装3台7×6米弧形钢闸门。

电站为坝后式，总装机5000千瓦，设计水头38米，最大水头43米，流量16立方米/秒。1963年3月，先投产800千瓦水轮发电机组2台，1965年续建2×1250千瓦机组，1967年将2台800千瓦机组扩建改装为2×1250千瓦机组。2000年10月经批准报废重建，2001年3月完成重建，并网发电。重建后，水头39米，流量18.5立方米/秒，安装4×1500千瓦机组，总装机容量6000千瓦，年均利用1917小时，年均发电量1150万。

五、沙畈水库电站

沙畈水库位于金华市婺城区沙畈乡，金华江支流白沙溪上游，上游是当年粟裕、刘英率领的红军挺进师曾经战斗过的革命老区。坝址以上控制流域面积131平方公里，主流长23.9公里，平均坡度17.3‰，水库总库容8555万方，正常库容7676万立方米，以灌溉、供水为主，结合防洪、发电等综合利用。1991年5月，金华市政府建立金华市沙畈水库建设工程指挥部。1991年列入省重点水利建设项目，主体工程于1992年6月20日开工，1995年7月8日封孔蓄水，1997年12月28日大坝主体工程全部完工。

枢纽主要建筑物有拦河坝、发电输水隧洞和电站。拦河大坝为细骨料砼砌块石重力坝，坝高76米，坝顶高程273.5米，坝顶长度237.5米、宽6米、底长60米。右岸坝体内设放水孔，放水孔中心高程217米，直径1.2米。泄洪方式采用坝顶溢流，堰顶高程267米，堰顶设5孔10×6.5米弧形闸门。

沙畈水库一级电站位于白沙溪右侧，为混合式电站，利用沙畈水库水源，设计水头65.9米，流量2×9.15立方米/秒，安装2×5000千瓦立式水轮发电机组，年均利用2205小时，年均发电量2126万千瓦时。1992年6月开工，1999年3月建成投产。

沙畈二级电站位于婺城区沙畈乡，为引水式电站。在沙畈水库一级电站和金兰水库之间，利用沙畈一级电站发电尾水，通过10.6公里长的引水隧洞引水至电站，电站设计水头61.7米，流量17.2立方米/秒，安装5000千瓦立式水轮发电机组2台，总装机容量1万千瓦，年均利用1983小时，年均发电量1983万千瓦时。工程于1998年4月10日开工，2000年6月26日试运行发电。

沙畈水库

六、八达水库电站

八达水库位于东阳市八达乡，金华江上游八达溪上，坝址以上集雨面积80.33平方公里，水库正常蓄水位318米，正常库容917万立方米，总库容990万立方米。1994年12月电站引水隧洞开工，1996年完成；大坝工程于1996年9月21日开工，1998年5月31日混凝土浇筑完成；1998年8月完成混凝土衬砌、金属结构制作安装和启闭机安装；1998年9月通过蓄水验收。

水库大坝为对数螺旋线双曲砼拱坝，坝高69.6米，溢洪道用砼溢流堰形式，堰顶高程318米，安设9宫，单宫宽11米，堰高2.9米。

水库电站为混合式电站，利用八达水库水源，安装4000千瓦立式水轮发电机组2台，装机容量8000千瓦，设计水头135米，单机流量3.53立方米/秒，年均利用2250小时，年均发电量1800万千瓦时。电站工程1996年9月动工，1999年7月建成投产。

第四节 金华江流域水电梯级开发

一、白沙溪梯级开发

白沙溪又名白龙溪，发源于遂昌、武义两县界上的狮子岭（1260米），在婺城区后杜东注入金华江，历史上著名的水利工程白沙三十六堰就修筑在此溪上。河流全长65公里，流域面积348平方公里，天然落差1014米，金兰水库以上，河床坡降10‰，水力资源丰富。目前，白沙溪干流自上而下修建门阵、大甫、沙畈一级、沙畈二级、金兰一级、金兰二级电站，总装机2.796万千瓦。梯级开发建调节水库2座：沙畈水库，总库容8555万立方米，正常库容7676万立方米；金兰水库，总库容9490万立方米，正常库容6800万立方米。梯级开发电站情况见表4-2。

表4-2 白沙溪梯级开发电站主要技术指标

开发级数	电站名称	开发方式	水头（米）	流量（立方米/秒）	装机容量（千瓦）	投产时间
1	门阵电站	引水	—	—	800	2008
2	大甫电站	引水	217	0.52	800	2000.10
3	沙畈一级电站	混合	65.9	18.3	10000	1999.3
4	沙畈二级电站	引水	61.7	17.2	10000	2000.6
5	金兰一级电站	坝后	22	29.31	5400	1960 1998.1 重建
6	金兰二级电站	引水	12	10.98	960	1960 1998.11 重建

钱塘江上游运货竹筏（老照片）

二、麻阳港梯级开发

　　麻阳港是武义江支流熟溪的主源，发源于武义县碧水潭，流经源口水库，至王宅镇李兰桥与南来的乌溪汇合成熟溪，全长27.6公里，流域面积113.4平方公里。麻阳港梯级开发共11级，建电站12座，利用水头464.5米，总装机10784千瓦，是金华江流域自源头起始至河道末开发最完善的小河流。按调解性能分为两段：

　　上游段是麻阳一级、麻阳二级、麻阳三级、麻阳四级和南畈共五级5座电站，由龙潭水库调节。下游段是源口一级、源口二级、源口三级、桥亭、源口四级、王宅和马昂电站共7座，由源口水库进行调节，其中源口三级和桥亭并联，水源不能重复利用，并列第八级。

表 4-3　麻阳港十一级电站主要技术指标

开发级数	电站名称	开发方式	水头（米）	流量（立方米/秒）	装机容量（千瓦）	年均发电量（万千瓦时）	投产时间
1	麻阳一级电站	坝后	40	1.5	500	100	1980.7
2	麻阳二级电站	引水	286	1.5	4000	1490	1977.12 2010 增容
3	麻阳三级电站	引水	25.8	2.88	570	117	1971.12
4	麻阳四级电站	引水	11	2.88	250	80	1977.10
5	南畈电站电站	引水	7.5	1.2	64	16.5	1973.5
6	源口一级电站	坝后	33	7.8	2500	700	1978.12 2003 增容
7	源口二级电站	引水	12	8	640	192	1975.5
8 (1)	源口三级电站	引水	16	6	700	210	1980.4 2009 技改
8 (2)	桥亭电站	引水	7.5	1	50	—	1968.10
9	源口四级电站	引水	9	5.2	300	90	1981.7
10	王宅电站	引水	6	5.8	250	62.5	1980.3
11	马昂电站	引水	18	5.85	960	232.5	1985.11 2010 增容

三、梅溪梯级开发

梅溪是武义江支流，源出金华市婺城区竹岗坞尖，在婺城区苏孟乡金桑园南流入武义江。主流长52公里，流域面积324平方公里。梅溪自安地水库以下建五级水电站，总装机8570千瓦，利用水头74米。梯级开发建有调节水库2座：安地水库，总库容6621万立方米，正常库容5875万立方米；湖海塘水库，正常库容156万立方米。梯级电站情况见表4-4。

表 4-4　梅溪梯级开发水电站主要技术指标

开发级数	电站名称	开发方式	水头（米）	流量（立方米/秒）	装机容量（千瓦）	投产时间
1	安地一级电站	坝后	39	18.5	6000	1963.3 2001.3 重建
2	安地二级电站	引水	5.5	10	400	1965.10 2009 扩建
3	安地三级电站	引水	3.5	10	320	1979.12 1984年 扩建
4 (1)	苏孟电站	引水	14	10	1260	1971.3 2002.4 增容
4 (2)	江家垄电站	引水	9	1.0	190	1972.2
5	湖海塘电站	引水	12	2.7	400	1950 1983 扩建

四、婺城区双龙溪梯级开发

双龙溪即盘溪。源出金华北山，从北山大盘尖西3公里处西玉壶起，南下鹿田，越塔山，过坟山西，抵罗店狮子山下，落差1020米。利用盘、乾两溪，汇鹿田、双龙、九龙三源之水，进行梯级开发，"一垄八站"。1959年原建的双龙溪"一垄八站"，是少年、双龙、库口、官基、铁堰、青妇等6个水电站和2个水力站。现在的"一垄八站"是指：西湖一级、西湖二级、双龙洞、少年、双龙、库口、官基、石门夹水电站，总装机1617千瓦。其中石门夹、官基、库口三座电站，水源不能重复利用发电，并列为第六级。

表4-5 双龙溪（盘溪）"一垄八站"主要技术指标

开发级数	电站名称	开发方式	水头（米）	流量（立方米/秒）	装机容量（千瓦）	年均发电量（万千瓦时）	投产时间
1	西湖一级电站	引水	474	0.1	400	75	1981.7 2009改建
2	西湖二级电站	引水	60	0.2	75	—	1978.12
3	双龙洞电站	引水	165	0.2	250	62	1975
4	少年电站	引水	12	0.15	12	—	1959
5	双龙电站	引水	196	0.4	640	141	1959.9 1989扩建
6(1)	石门夹电站	引水	50	0.25	75	—	1978.12
6(2)	库口电站	引水	20	0.7	125	—	1969 1987.6改建
6(3)	官基电站	引水	24	0.24	40		1959.10

第五章　曹娥江

第一节　曹娥江水力资源

　　曹娥江源出磐安县境大盘山麓，至绍兴县新三江闸附近入钱塘江，传说以东汉孝女曹娥为求父尸溺于该江而得名。曹娥江发源于磐安县城塘坪长坞，干流自南向北经五丈岩、新昌县镜岭至嵊州市称澄潭江，在嵊州城关附近与支流新昌江、长乐江、黄泽江相汇，形成以嵊州为中心的扇状水系。因嵊州古名剡县，所以干流在嵊州附近称剡溪，穿越清风峡谷后始称曹娥江。继续北流右纳嵊溪、隐潭溪、下管溪，左有支流范洋江、小舜江汇入，北流至上虞百官镇后，先后从西湖闸、马山闸、新三江闸纳浙东运河、钱清江汇集的平水江和萧绍平原内河诸水，在新三江闸附近注入钱塘江河口段。曹娥江大闸建成后，闸上游形成长90公里、面积43.1平方公里、相应库容达1.46亿立方米的条带状河道水库，曹娥江河口段变为内河，钱塘潮水始止于闸下。

　　曹娥江流域虞山舜水，钟灵毓秀，如诗如画，大诗人李白、杜甫也都曾经乘舟溯剡溪而上，饱览了"山色四时碧，溪光十里清"的美景，留下了《梦游天姥吟留别》、《壮游》等千古绝唱，在浙东一带形成了一条飘逸着翰墨清香的"唐诗之路"。

　　曹娥江流域面积5930.9平方公里，全长182.4公里，平均坡降为3.3‰。据查勘资料，曹娥江年均径流总量45.3亿立方米（最大年径流量73.6亿立方米，最小年径流量22.3亿立方米），河川径流利用率10.3%。水力资源理论蕴藏量为19.6万千瓦，可开发水力资源为11.5万千瓦，主要分布在新昌江、澄潭江、长乐江、黄泽江。

第二节　曹娥江流域小水电建设

一、水力资源查勘规划

1953年9—11月，钱塘江水利工程局组织曹娥江流域查勘，提出《曹娥江流域查勘报告》。报告认为：曹娥江的治理开发应以解决150万亩农田的灌溉用水为主，其次为综合解决20余万亩农田的防洪和兴办水力发电，便利航运，扩展水产事业。并查得可兴建水库的地点有澄潭江的施家岙和下宅，新昌江的泉窝、岩下、后岸、长诏，黄泽江的石桥头和钦村，长乐江的合山和碃前，下管溪的大石埠和石窟，小舜江的托潭和石坛，干流上的屠家埠和清风，共16处。建议先兴建长诏、下宅、钦村和石坛4座水库，另建百官拦江节制闸和进水闸等工程。

1956年10月23日至1957年1月14日，厅属设计院在宁波专员公署水利局、上海水力发电勘测设计院和浙江省林业厅配合下，完成曹娥江流域查勘，并提出查勘报告。报告曹娥江水力资源开发，应解决附近农村、城镇需要的电力。查勘了黄泽江的钦村，新昌江的长诏，澄潭江的下宅、镜岭和左于，长乐江的合山、碃前，小舜江的石坛、岭厚、高岸头、王坛、青坛，隐潭溪的石窟，干流上的清风共计14个坝段；提出7种水库群组合开发方案进行比较后，认为以建造镜岭、长诏、钦村、合山、宪潭5座水库的方案为主，其中镜岭水库可以装机1730千瓦发电。

为改变曹娥江支流门溪江缺乏有调节性能的骨干水力发电站情况，浙江省水利水电勘测设计院会同新昌县水利电力局于1982年10月编成《新昌县门溪江梯级水电站改造规划报告》，提出以门溪水库为龙头的梯级开发方案，并建议门溪和藏潭桥两座水力发电站作为第一期工程。

1992年浙江省水利水电勘测设计院完成《曹娥江流域综合规划》。报告指出：曹娥江流域水力资源可开发量不大，单项工程装机容量相对较小，水力开发应采取与防洪工程、供水工程相结合方式；同时根据电网的需求，选择抽水蓄能电站的站址，兴建抽水蓄能电站。报告提出兴建镜岭、钦村、隐潭水库电站，设

曹娥江

计装机容量1.63万千瓦；何家枢纽工程、清风枢纽工程等径流式电站，计装机容量0.72万千瓦。风香岭、清风、念塘湾、九曲岭、元宝岭等抽水蓄能电站，总装机容量85万千瓦。

二、小水电发展历程

　　水力利用在曹娥江流域有久远的历史，新中国成立前，各条溪流上都建有水碓、水磨、水车，利用水力舂米、磨粉、捣竹制纸以及提水灌溉。1951年5月，嵊县石硪村自制设备，建立水力碾米厂，利用水碓水头安装自制戽斗式水轮机，带动微型发电机发电，供厂内7盏15瓦灯泡照明，为流域利用水力发电之始。

　　1957年，太平乡太白、黄泽镇前良水电站建成，为曹娥江流域农村兴办微型水力发电站开了先河。此后，贯彻"生产为主，小型为主，群众自办为主"方针，积极发展农村微型水电站。20世纪50年代所建电站多为引水式径流电站，发电设备简陋，年利用小时低，主要用于乡村小范围的照明和农副产品加工等。

　　1960年5月，农民工程师马传进土法上马，在谷来公社建成水头高78米、装机100千瓦的东山水电站，为流域内修建的第一座高水头水电站。同年6月，浙江省水利厅在嵊县召开浙江省农村群众办电经验现场会议，积极推广嵊县"依靠群众、土法上马"的办电模式。10月，流域第一座水库电站——前岩水库电站建成，装机3台，共235千瓦。1967年南山水库第一台1250千瓦机组投产，为流域内最早投产的单机在1000千瓦以上的机组。

　　20世纪70年代，国家在资金、技术、原材料等方面，给予补助和扶持，使小水电得到快速发展，电站落差向中、高水头发展，梯级开发开始实施，一批电站并网运行。长乐江支流石璜江上先后建起了镇基山、新婢、坂头渠道、平天荡等

五丈岩

四级电站；从1973年起，在小舜江上兴建了显潭一级、显潭二级、显潭三级、吕岙、青童岭、竹溪、上东山、打石岭、七七等水电站；1975年，在澄潭江上游夹溪建成五丈岩水库，装机4台1280千瓦，1980年增容为4×400千瓦。

20世纪80、90年代，曹娥江流域水力开发达到顶峰。1981年装机达10000千瓦的长诏第一级坝下电站和第二级埠山电站建成发电；1982年，在黄泽江上游建巧英中型水库，先后建成巧英一级、巧英二级、巧英三级、巧英四级、巧英五级电站，装机2960千瓦；1989年利用五丈岩一级电站尾水，沿山开渠880米，建成五丈岩二级下坑电站，装机4000千瓦，年均发电量1400万千瓦时；1985年兴建总库容2130万立方米的门溪水库，1989年11月水库坝后式电站建成，装机2×1600千瓦，门溪水库的建设，改善了澄潭江支流左于江梯级电站的运行条件，提高

了水力资源利用率；1986年曹娥江流域最大水电站丰潭水电站动工，电站装机2×6300千瓦，年均发电量2817万千瓦时，1991年6月并网发电。

进入21世纪后，流域水力资源开发结合城市供水、城市景观等综合进行，2000年5月建成装机1500千瓦的艇湖水电站，2002年6月建成装机3200千瓦的汤浦水库电站，2007年2月装机1000千瓦的新市电站并网发电；2009年2月清风水利枢纽电站建成发电，装机4800千瓦；同时还通过开渠引水、增加水源，设备更新、增机扩容等技改措施，提高水力资源利用率。2000年3月，报废重建的南山水库电站竣工，新增装机1050千瓦，电站总装机容量4800千瓦；2009年5月完成辽湾水库电站报废重建；2010年五丈岩水库一级电站完成技改增容，增加装机容量800千瓦，总装机容量为2400千瓦。至2009年底，曹娥江流域已建成装机500千瓦以上电站70座，装机10.8975万千瓦，具体见表5-1。

表 5-1　曹娥江流域装机 500 千瓦以上水电站装机情况

电站名称	所在县市	所在河流	开发形式	装机容量（千瓦）	建成时间
清风电站	嵊州市	曹娥江	径流	4800	2009.2
艇湖电站	嵊州市	曹娥江	径流	1500	2000.5
双坑口水电站	新昌县	曹娥江—澄潭江	径流	720	2003
新市水电站	嵊州市	曹娥江—澄潭江	径流	1000	2007
灵川水电站	新昌县	曹娥江—澄潭江	引水	650	1989.12
曙光水电站	新昌县	曹娥江—澄潭江	径流	550	1998
梁家水电站	新昌县	曹娥江—澄潭江—镜岭江	径流	570	1977.1
石门一级电站	新昌县	曹娥江—澄潭江—镜岭江—练使溪	坝后	960	1972.2
石门二级电站	新昌县	曹娥江—澄潭江—镜岭江—练使溪	引水	600	1978.5
竹东电站	新昌县	曹娥江—澄潭江—镜岭江—练使溪	引水	500	1987.1

续表

电站名称	所在县市	所在河流	开发形式	装机容量（千瓦）	建成时间
荒田坪电站	新昌县	曹娥江—澄潭江—镜岭江—练使溪	引水	640	2005
竹潭水电站	新昌县	曹娥江—澄潭江—镜岭江—练使溪	径流	960	1981.1
桐桥水电站	新昌县	曹娥江—澄潭江—镜岭江—练使溪—大畈溪	引水	800	1995
龙潭坪水电站	新昌县	曹娥江—澄潭江—镜岭江—练使溪—大畈溪	引水	600	2007
水下坑电站	磐安县	曹娥江—澄潭江—镜岭江—练使溪—夹溪	混合	500	2007
西岭水电站	磐安县	曹娥江—澄潭江—镜岭江—练使溪—夹溪	引水	630	2004.8
湖田滩电站	磐安县	曹娥江—澄潭江—镜岭江—练使溪—夹溪	引水	1000	2003.9
五丈岩电站	磐安县	曹娥江—澄潭江—镜岭江—练使溪—夹溪	引水	4000	1989
下坑电站	磐安县	曹娥江—澄潭江—镜岭江—练使溪—夹溪	坝后	1600	1975.10
友谊电站	磐安县	曹娥江—澄潭江—镜岭江—练使溪—夹溪	引水	960	1983.1
黄公潭电站	磐安县	曹娥江—澄潭江—镜岭江—练使溪—夹溪	坝后	1000	2005
横路电站	磐安县	曹娥江—澄潭江—镜岭江—练使溪—夹溪	引水	630	2001.3
三跳电站	磐安县	曹娥江—澄潭江—镜岭江—练使溪—夹溪	混合	4000	2004.12

续表

电站名称	所在县市	所在河流	开发形式	装机容量（千瓦）	建成时间
三曲里水电站	磐安县	曹娥江—澄潭江—镜岭江—练使溪—夹溪	混合	10000	2004.12
藏潭桥电站	新昌县	曹娥江—澄潭江—于左江—门溪	混合	500	1987.11
门溪水库电站	新昌县	曹娥江—澄潭江—于左江—门溪	混合	3200	1989.11
丹溪电站	新昌县	曹娥江—澄潭江—于左江—门溪	引水	500	2004
欧潭水电站	新昌县	曹娥江—澄潭江—左于江—丹溪	引水	800	1982.4
王渡里水电站	新昌县	曹娥江—澄潭江—左于江—横渡溪	引水	710	1985.12
前岩水库电站	嵊州市	曹娥江—范洋江	坝后	650	1960 2002.3 重建
巧王电站	新昌县	曹娥江—黄泽江—合溪	引水	1260	2001
棠家洲水电站	新昌县	曹娥江—黄泽江—合溪	引水	640	2001
竺家坑电站	新昌县	曹娥江—黄泽江—合溪—沙溪	引水	500	2002
共安电站	新昌县	曹娥江—黄泽江—合溪—沙溪—唐家坪坑	引水	570	2000
巧英一级电站	新昌县	曹娥江—黄泽江—横溪—广溪—莒根溪	坝后	1260	1981.4
巧英二级电站	新昌县	曹娥江—黄泽江—横溪—广溪—莒根溪	引水	600	1982.12

续表

电站名称	所在县市	所在河流	开发形式	装机容量（千瓦）	建成时间
巧英三级电站	新昌县	曹娥江—黄泽江—横溪—广溪—莒根溪	引水	750	1984.10
沃洲水电站	新昌县	曹娥江—黄泽江	引水	2000	1991
渔溪坑电站	嵊州市	曹娥江—黄泽江—渔溪江	坝后	740	1975.7
平水江电站	绍兴县	曹娥江—平水江	坝后	1500	1978.12
型塘水电站	绍兴县	曹娥江—西小江—夏履江	径流	600	1997
虹桥电站	上虞市	曹娥江—下管溪	引水	750	1981.12
洞口电站	上虞市	曹娥江—下管溪	引水	500	1997
石笋山电站	上虞市	曹娥江—下管溪—浪撞溪	引水	500	1993.3
汤浦水电站	上虞市	曹娥江—小舜江	坝后	3200	2002.6
止步坑水电站	绍兴县	曹娥江—小舜江—北溪	引水	600	1985.7
显潭二级电站	嵊州市	曹娥江—小舜江—马溪	引水	570	1973.4
东门电站	新昌县	曹娥江—新昌江	引水	720	1980.4
西郊电站	新昌县	曹娥江—新昌江	引水	625	1979.9
西岭电站	新昌县	曹娥江—新昌江	引水	500	1982.6
长诏水库电站	新昌县	曹娥江—新昌江	坝后	6000	1981.1
棣山水电站	新昌县	曹娥江—新昌江	引水	4000	1981.12
城西湖水电站	新昌县	曹娥江—新昌江	径流	600	1999
超峰水电站	新昌县	曹娥江—新昌江—茅洋江	引水	640	2001

续表

电站名称	所在县市	所在河流	开发形式	装机容量（千瓦）	建成时间
天烛岭电站	新昌县	曹娥江—新昌江—潜溪—苫溪	引水	500	1990.5
小将水电站	新昌县	曹娥江—新昌江—青坛江	引水	650	2005
仓潭水电站	新昌县	曹娥江—新昌江—新民江—石溪	引水	525	2001
清溪水电站	嵊州市	曹娥江—剡溪—里东江	引水	540	2009
八〇水电站	上虞市	曹娥江—隐潭溪	引水	500	1984.3
辽湾二级电站	嵊州市	曹娥江—长乐江—合山江—大昆溪	引水	800	1985.10
辽湾水库电站	嵊州市	曹娥江—长乐江—合山江—大昆溪	坝后	1510	1981.10
南山水库电站	嵊州市	曹娥江—长乐江—南山江	坝后	4800	1967.3 2000.3
丰潭水电站	嵊州市	曹娥江—长乐江—南山江	混合	12600	1991.6
斤丝潭电站	新昌县	曹娥江—长乐江—南山江	坝后	660	1981.1
平天荡电站	嵊州市	曹娥江—长乐江—石璜江	引水	2000	1978.5
坂头水库电站	嵊州市	曹娥江—长乐江—石璜江—三溪江	坝后	640	1967.4
镇基山电站	嵊州市	曹娥江—长乐江—石璜江—三溪江	引水	640	1972.3
剡源水库电站	嵊州市	曹娥江—长乐江—剡城溪	坝后	900	1972.11
厦城水库电站	东阳市	曹娥江—长乐江—梓溪	混合	3200	2005
游鱼水库电站	东阳市	曹娥江—长乐江—梓溪	混合	3200	2005

第三节　曹娥江流域主要水电站

一、丰潭水电站

丰潭水电站位于浙江省嵊州市贵门乡，属长乐江支流南山江上游，距南山水库大坝约7公里，工程经省计经委批准建设，是嵊州市"七五"期间的重点工程项目。水库集雨面积68平方公里，引水面积32平方公里，总库容1486万立方米设计，正常库容为1449万立方米，相应水位355米。工程以发电为主，结合防洪、水产养殖等综合效益。始建于1986年5月，1991年6月实现施工期径流发电，1993年6月全面竣工。整个工程由调节水库、输水隧洞、发电厂等组成。

丰潭水库坝址区河谷狭窄，两岸陡峻，大坝采用细骨料砼砌石重力坝，高67米，坝顶高程357.0米，坝顶宽6米，坝长197米；水库溢流段建泄洪闸，设5孔，每孔净宽8米，最大泄洪流量926.6立方米/秒；输水隧洞位于大坝左侧，于1987年8月动工，隧洞洞径3米，长2675米，1989年1月全线贯通。输水隧洞出口与326米长压力钢管连接，引水至高程131米的电站厂房接水轮发电机组，发电尾水入南山水库。电站开发形式为混合式，装机2×6300千瓦，共装机12600千瓦，单机设计流量3.79立方米/秒，发电设计水头205米，最大水头为231米，设计年发电量2817万千瓦时，是目前曹娥江流域最大的水力发电站。

电站自1991年6月28日发电运行以来，至2006年底累计发电量达4.2亿多度，为嵊州市的工农业生产提供了大量的能源，对促进嵊州市社会经济发展起到了重要的作用。

二、三曲里水电站

三曲里水电站位于磐安县尖山镇三曲里，在曹娥江上游夹溪上，是夹溪流域五丈岩水库以下第四级梯级水电站，集雨面积131.4平方公里，水库总库容115万立方米，正常库容79.9万立方米，工程以发电为主。2002年11月开工建设，2003

年完成大坝主体浇筑和引水隧洞开挖，2004年4月通过水库蓄水验收，2004年12月通过机组启动验收，并入金华电网投产发电。

主体工程由拦河坝、引水隧洞、发电厂房、升压站等组成。拦河坝为混凝土重力坝，坝高29.5米；引水隧洞长2600米。电站安装2×5000千瓦水轮发电机组，共装机1万千瓦，多年平均发电量2434万千瓦。电站的建成，对金华电网调相和调峰发挥了一定的积极作用。

三、长诏水库电站

长诏水库位于新昌县长诏村边，曹娥江支流新昌江上游。水库控制流域面

长诏水库

积276平方公里，干流长36公里，总库容18648万立方米，正常库容13640万立方米，是一座以防洪为主，结合灌溉与发电的大（二）型工程。水库始建于1958年7月，原设计为土坝，后因财力、劳力不济停建，仅打通导流隧洞。1972年11月复工，1979年3月29日封孔蓄水，1982年10月24日通过省水利厅组织的竣工验收。

枢纽工程分大坝、电厂两部分。大坝为细骨料混凝土砌石重力坝，坝顶高程140米，宽12米，长211米，最大坝高68米。其中溢流段长58米，堰顶高程133米，设6孔，净宽各为8米的溢流孔，由弧形闸门控制，门顶高程137米，最大泄流量1530立方米/秒。

水库一级电站位于大坝下游右侧，为坝后式，输水洞总长266.69米，洞径3.5米，最大流量20.4立方米/秒，设计水头40米，装机3×2000千瓦，年均发电量1650

万千瓦时。1980年电站并网发电，至2007年底，已累计发电量5.63亿千瓦时。

长诏二级电站——棣山电站，属长诏水库梯级开发工程之一，引长诏水库电站尾水，渠道全长9.13公里，水头28米，发电流量18.92立方米/秒，装机容量为2×2000千瓦，设计年均发电量1160万千瓦时。工程于1979年1月动工，1981年12月26日竣工投产。电站采用采金的虹吸式进水口压力管道进水装置，是浙江省最大的虹吸式进水口水电站。电站于1984年被省计划经济委员会评为优质工程，同年又获省优秀设计奖，1989年度被水利部评为优秀小水电站。电站建成后，多次接待中外来宾考察与参观，1983年起成为亚洲太平洋地区小水电培训中心的参观基地。

四、南山水库电站

南山水库位于嵊州市长乐镇，在曹娥江支流长乐江上游南山江上，控制集雨面积109.8平方公里，总库容1.05亿立方米，相应水库146米，兴利库容6987万立

南山水库

方米，相应水位124米，防洪库容4545万立方米，为大（二）型水库。工程以灌溉为主，兼顾防洪、发电和水产养殖等综合利用。

水库大坝工程于1958年6月动工，1961年秋坝高达55米，泄洪洞建成，开始蓄水受益；1968年3月至1973年续建，大坝达设计高度70米，并建成泄洪闸；1976年11月至1980年，根据可能最大降水量进行保坝工程施工，大坝加高至72米。电站工程于1965年动工，1966年10月第一台200千瓦机组发电，1967年4月第一台1250千瓦机组投产，1970年4月和1977年4月，又先后安装1250千瓦机组各1台（1972年200千瓦机组拆除），并网运行。

水库大坝为黏土心墙砂壳坝，拦河大坝高72米，坝顶长238.5米；输水隧洞长398米，用钢筋混凝土衬砌，最大输水能力48立方米/秒；泄洪洞长240米，洞径5米，最大泄流量230立方米/秒；泄洪闸2孔，高7米，各宽4米，最大泄流量492立方米/秒，非常溢洪道净宽90米，达千年一遇设计洪水位时能自溃溢洪，最大泄流量1640立方米/秒。

电站位于大坝左岸，装1250千瓦机组3台，设计水头43.8米，流量11.7立方米

/秒，年均发电量845.3万千瓦时。1999年，因机组设备老化，运行效率低下，电站实施报废重建。重建后，于2000年4月并网发电，发电设计水头提高至50米，装机增至3×1600千瓦，总装机4800千瓦。

五、汤浦水库电站

　　绍兴市汤浦水库位于上虞市汤浦镇，曹娥江支流小舜江，上游坝址控制流域面积460平方公里，总库容2.35亿立方米，水面面积14平方公里，设计日供水规模达100万吨，属国家大（二）型水库，是浙江省重点建设工程，也是绍兴市委、市政府的一项"民心工程"、"德政工程"。工程于1997年12月8日全面开工，2000年4月20日汤浦水库开始蓄水，2001年1月正式建成供水，2001年9月电站工程投建，2002年6月并网发电。

　　电站位于汤浦水库西主坝坝后右岸，通过输水洞引水，利用水库多余的水量发电；电站安装2台水轮机、2台发电机，总装机容量2×1600千瓦，设计发电最高水位32米，最低28米，设计水头22米。

汤浦水库

第四节 曹娥江流域水电梯级开发

一、夹溪梯级开发

　　夹溪为曹娥江源，发源于尚湖镇长坞，流经尚湖、万苍注入五丈岩水库，然后再经尖山、胡宅进入新昌县境。磐安县境内主流长33公里，流域面积179.1平方公里，多年平均径流量5.529立方米/秒，天然落差505.8米，流域水能蕴藏量丰富。按照梯级开发的原则，以五丈岩水库为龙头，兴建了楼下宅电站、新宅电

夹溪

站、五丈岩水电站、下坑电站、黄公潭电站、三曲里电站、湖田滩电站、友谊电站、三跳电站，总装机23060千瓦，具体见表5-2。

表5-2　夹溪梯级开发主要技术指标

开发级数	电站名称	开发方式	水头（米）	装机容量（千瓦）	年均发电量（万千瓦时）	投产时间
1	楼下宅电站	引水	130	250	30	1982.4
2	新宅电站	引水	76	250	—	1981.6
3	五丈岩电站	坝后	38	1600	500	1989
4	下坑电站	引水	73	4000	1400	1975.10
5	黄公潭电站	引水	—	1000	—	2005
6	三曲里电站	混合	90.6	10000	2473	2004.12
7	湖田滩电站	引水	—	1000	304	2003.9
8	友谊电站	引水	25	960	200	1983.1
9	三跳电站	混合	—	4000	981	2004.12

二、新昌江梯级开发

新昌江流域面积532.5平方公里。新昌县1972年建成寨岭小（一）型水库和坝下电站，装机320千瓦。1979年长诏水库建成，集雨面积276平方公里，为梯级开发创造了有利条件。1981年，建成长诏第一级坝下和第二级水电站棣山；同时将60年代初在长诏水库下游建设的东门、西郊、西岭等径流电站进行技术改造和扩建，在新昌江上建成的7座小型水电站，总装机达12290千瓦，利用水头106.25米。梯级开发电站具体情况见表5-3。

表5-3 新昌江梯级开发电站主要技术指标

开发级数	电站名称	开发方式	水头（米）	流量（立方米/秒）	装机容量（千瓦）	年均发电量（万千瓦时）	投产时间
1	寨岭电站	坝下	20	1.39	320	84.1	1972.10
2	长诏电站	坝下	40	20.4	6000	1940	1981.1
3	棣山电站	引水	28	18.92	4000	1160	1981.12
4	东门电站	引水	4.75	20	720	118	1980.4
5	西郊电站	引水	4.3	20	625	143.9	1979.9
6	西岭电站	引水	3.7	20	500	115.1	1982.6
7	中爱灌区电站	引水	5.5	3	125	—	1979.9

三、黄泽江流域梯级开发

新昌县黄泽江上游莒根溪，1982年建成巧英中型水库，集雨面积46平方公里。流域水电梯级开发以巧英水库为"龙头"，利用水库抬高水位及渠道中落差进行，兴建水电站6座，装机容量4960千瓦，年均发电量1075.7万千瓦时。梯级水电开发详见表5-4。

表5-4 黄泽江梯级开发电站主要技术指标

开发级数	电站名称	开发方式	水头（米）	流量（立方米/秒）	装机容量（千瓦）	年均发电量（万千瓦时）	投产时间
1	巧英一级电站	坝后	27.5	6.0	1260	245	1981.4
2	巧英二级电站	引水	15.8	5.4	600	150	1983.12

开发级数	电站名称	开发方式	水头（米）	流量（立方米/秒）	装机容量（千瓦）	年均发电量（万千瓦时）	投产时间
3	巧英三级电站	引水	21.0	4.8	750	176.7	1984.10
4	巧英四级电站	引水	8.5	3.5	200	50	1985.10
5	巧英五级电站	引水	18.36	1.12	150	25	1987
6	沃洲电站电站	引水	68	3.8	2000	429	1991

四、门溪流域梯级开发

门溪为曹娥江源头支流，发源于天台县岭脚村，长29公里，流域面积117平方公里，建有梯级电站23座，总利用水头288.2米，总装机8385千瓦。梯级建有调节、反调节水库各1座：门溪水库，总库容2131万立方米，正常库容1856万立方米；藏潭桥反调节水库，总库容57.9万立方米，正常库容36.5万立方米。梯级开发电站详见表5-5。

表5-5　门溪流域梯级开发电站主要技术指标

开发级数	电站名称	开发方式	水头（米）	流量（立方米/秒）	装机容量（千瓦）	年均发电量（万千瓦时）	投产时间
1	门溪电站	坝下	69.5	6.64	3200	529	1989.11
2	藏潭桥电站	坝下	28.0	3.0	500	149	1987.10
3	樟花电站	引水	30.0	1.8	400	65	1981.1
4	里间电站	引水	18.0	1.4	160	2	1982.9

续表

开发级数	电站名称	开发方式	水头（米）	流量（立方米/秒）	装机容量（千瓦）	年均发电量（万千瓦时）	投产时间
5	丹溪电站	引水	13.0	2.4	200	33.5	1980.3
6	坑里电站	引水	5.0	1.74	75	8.3	1980.4
7	欧潭（一）电站	引水	12.0	1.17	125	34	1976.9
8	欧潭（二）电站	引水	16.0	4.17	200	29	1982.4
9	上贝电站	引水	5.0	5	75	16.5	1984.3
10	下岩（一）电站	引水	13.0	4.5	125	29.3	1979
11	下岩（二）电站	引水	6.5	6.5	110	25	1980.10
12	王渡口电站	引水	9.6	3.0	325	125	1987.6 2008 技改
13	沙滩电站	引水	6.0	4.0	175	36.5	1981.7
14	灵岩电站	引水	8.5	2.91	150	28	1979.9
15	下洲电站	引水	8.8	4.0	320	112	1986.9
16	王潭电站	引水	6.0	5.5	225	80	1986
17	三联电站	引水	4.5	5.0	150	34.5	1980.2
18	牛塘电站	引水	4.7	6.0	200	39	1980.3
19	石下坑电站	引水	5.5	7.5	325	48	1979.6
20	台头山电站	引水	5.5	6.0	250	65	1980.4

开发级数	电站名称	开发方式	水头（米）	流量（立方米/秒）	装机容量（千瓦）	年均发电量（万千瓦时）	投产时间
21	下岩背电站	引水	5.2	5.2	200	48	1980.1
22	左于（一）电站	引水	4.3	6.5	225	10	1981.4
23	左于（二）电站	引水	6.0	7.0	250	67	1978.12

五、南山江流域梯级开发

　　南山江为嵊州市长乐江支流，发源于东阳市八公岭，河长30公里，流域面积122.9平方公里，利用水头266.9米，装机18725千瓦，年均发电量3629万千瓦时。梯级开发建调节水库2座：丰潭水库，总库容1486万立方米，正常库容1449万立方米；南山水库，总库容1.0485亿立方米，正常库容6987万立方米。梯级电站详见表5-6。

表5-6　南山江流域梯级开发电站主要技术指标

开发级数	电站名称	开发方式	水头（米）	流量（立方米/秒）	装机容量（千瓦）	年均发电量（万千瓦时）	投产时间
1	丰潭电站	混合	205	7.72	12600	2817	1991.6
	斤丝潭电站	坝下	68.5	1.4	600	30	1981.1
	柏椿坑电站	引水	113	0.11	75	12	1982.9
	石和尚电站	引水	235	0.16	250	60	1982.3
2	南山电站	坝下	43.9	11.7	4800	650	1966.10
3	福全电站	引水	6	6	250	50	1966.6
4	黄龙地电站	引水	12	1	150	10	1972.6

六、石璜江流域梯级开发

石璜江是长乐江支流，上游雅璜江、王院江、梅溪汇合后称石璜江，河长25.5公里，流域面积99.8平方公里，流域内建成12座水电站，利用水头378.9米，总装机5295千瓦，年均发电量1800万千瓦。石璜江梯级水电站站房都位于洪水位之上，上级电站尾水直接进入下级电站引水渠；同时将引水渠进口与河床相连，以纳入区间径流，使山溪河流洪水消落区落差和区间来水量都得到有效利用，并避免洪水对电站安全造成威胁。梯级开发建调节水库2座：坂头水库，总库容1059万立方米，正常库容870万立方米；清潭水库，总库容52.5万立方米。梯级电站情况详见表5-7。

表5-7　石璜江流域梯级开发电站主要技术指标

开发级数	电站名称	所在河流	开发方式	水头（米）	流量（立方米／秒）	装机容量（千瓦）	投产时间
1(1)	清潭电站	王院江	坝下	28.5	0.6	155	1979.6
2(1)	百丈岩电站	王院江	引水	85	0.7	385	1972.5
1(2)	葛村电站	梅溪	引水	58	0.2	75	1982.11
2(2)	梅溪电站	梅溪	引水	68	0.27	125	1982.11
1(3)	大安桥电站	雅璜江	引水	92	0.48	300	1973.10
2(3)	方潭电站	雅璜江	引水	96	0.64	400	1980.4
3(1)	坂头电站	王院江	坝下	28.5	3	640	1973.10
3(2)	三溪电站	雅璜江	引水	48	0.25	75	1980.4
4	镇基山电站	石璜江	引水	29	3	640	1972.5
5	平天荡电站	石璜江	引水	95	2.66	2000	1978.5
6	新碑电站	石璜江	引水	12.5	4.3	375	1973.5
7	坂头渠道电站	石璜江	引水	6.4	3	125	1977.12

第六章　浦阳江

第一节　浦阳江水力资源

浦阳江又名浦阳汭，在诸暨境内曾称丰江，别称浣江、浣纱溪，全长151公里，总流域面积3431平方公里，多年平均径流量246亿立方米。历史上，浦阳江是钱塘江上游为害十分严重的支流，一遇暴雨，洪水泛滥，淹没农田，冲毁房屋，其洪涝灾害较之曹娥江更加频繁，曾被喻为浙江的"小黄河"。

浦阳江源出浦江县高塘村东南天灵岩南麓，东南流至花桥折向东流经通济桥水库，经浦江县城、黄宅，转东北流到浦江县白马桥入安华水库，在安华镇右纳大陈江，再东北流至盛家，右纳开化江，经诸暨市城区下游1.5公里的茅渚埠，以下分东西两江。主流西江北流至祝桥，左纳五泄江，经姚公埠至三江口与东江汇合。东江自茅渚埠分流后，北流至大顾家附近小孤山右纳枫桥江，与西江汇合后，北流经萧山区尖山镇，左纳凰桐江，经临浦，出碛堰山，折向西北流至义桥，左纳永兴河，流至闻堰镇南侧小砾山注入钱塘江河口段。

浦阳江流域内山丘面积广，水位落差大，年降水量充沛，水力资源较为丰富。据调查，流域水力资源蕴藏量为6.85万千瓦，其中可开发量5.36万千瓦。

第二节 浦阳江小水电建设

新中国成立前，生活在浦阳江流域的人民，借自然地理之优越，水源之丰富，利用水碓进行农副产品加工。这种利用自然水差作为生产动力的形式，一直沿用到20世纪50年代。

新中国成立后，各地积极尝试开发利用水力资源。1956年7月，利用枫桥镇青岭水库输水渠道的尾水落差，在郑宝山试办浦阳江流域第一座小型水电站，利用水头5米，流量1立方米/秒，安装我省生产的第一台铁制水轮机及碾米机2台，进行稻谷饲料加工；1957年10月，购置发电设备，安装20千瓦机组，向枫桥镇供电照明。同一时期，浦江金狮岭水电站建成，以旋桨式55厘米水轮机带动50千瓦电压230/400伏交流发电机1台，供给浦阳镇用电。此后，小型水利发电站每年都有所增加。

20世纪60年代，随着大批中、小型水库的建设，小水电建设有很大的发展。1963年，征天水库建成坝后电站，连同郑宝山、东山等电站形成小水电网，单独发电供应；1964年石姆岭水电站建成，供给孝门、白马一

带；1965年通济桥电站建成投产，安装1×1360千瓦水轮发电机组，是流域第一台装机1000千瓦以上机组；1966年石壁水库电站并网发电，装机容量1460千瓦。

20世纪70年代到80年代，是浦阳江流域水电建设的高峰期，其间共建水电站83座，装机2.06万千瓦；1970年，浦江县从壶源江上游引水入浦阳江支流东溪，利用落差91.5米，建成壶源江水电站，装机3×800千瓦；1972年和1974年在开化江支流孝义溪上修建了西岩一级、西岩二级电站，装机1310千瓦；1974年到1985

浦阳江

年，在开化江支流化泉溪上修建了化泉一级、化泉二级、化泉三级、化泉四级水电站，装机1780千瓦；1984年7月，陈蔡水库电站并网发电，装机容量2×1600千瓦，年均发电量784.5万千瓦时，1991年又新增1×200千瓦水轮发电机组。

此后，浦阳江流域水电建设以技术改造为重点。截至2009年底，浦阳江流域装机500千瓦以上的电站有20座，装机容量2.297万千瓦，具体见表6-1。

表6-1　浦阳江流域装机500千瓦以上水电站

电站名称	所在县市	所在河流	开发形式	装机容量（千瓦）	建成时间
通济桥电站	浦江县	浦阳江	坝后	1560	1965.3
黄弹二级电站	富阳市	浦阳江—常绿溪	引水	650	2007
八都水库电站	义乌市	浦阳江—大陈江	坝后	640	1998
巧溪水库电站	义乌市	浦阳江—大陈江	坝后	800	1977
东溪二级电站	诸暨市	浦阳江—黄檀溪—上谷岭溪	引水	900	1978.2 2005.12
仙华水电站	浦江县	浦阳江—东溪	坝后	1000	2006.4
金坑岭一级电站	浦江县	浦阳江—东溪	坝后	1210	1986.5
合水堰电站	诸暨市	浦阳江—开化江—陈蔡江	径流	570	2001.1
陈蔡二级电站	诸暨市	浦阳江—开化江—陈蔡江	径流	500	1984.7
陈蔡水库电站	诸暨市	浦阳江—开化江—陈蔡江	坝后	3450	1984.7
小东电站	诸暨市	浦阳江—开化江—陈蔡江—上林溪—殿口溪	引水	1050	1979.12

续表

电站名称	所在县市	所在河流	开发形式	装机容量（千瓦）	建成时间
孝四水电站	诸暨市	浦阳江—开化江—陈蔡江—西岩溪	引水	800	1978.2
泉安水电站（西岩一级）	诸暨市	浦阳江—开化江—陈蔡江—西岩溪	引水	630	2008
西岩二级电站	诸暨市	浦阳江—开化江—陈蔡江—西岩溪	引水	810	1974.10
石壁水库电站	诸暨市	浦阳江—开化江—璜山江	坝后	1920	1966.10
萃溪电站	诸暨市	浦阳江—开化江—璜山江—枫山溪	引水	610	1976.10
化泉三级电站	诸暨市	浦阳江—开化江—璜山江—龙泉溪	引水	800	1979.5
化泉四级电站	诸暨市	浦阳江—开化江—璜山江—龙泉溪	引水	720	1974.5
五泄一级电站	诸暨市	浦阳江—五泄江	坝后	650	1975.8
青山水库电站	诸暨市	浦阳江—五泄江—石渎溪	坝后	600	1972.1

第三节　浦阳江流域主要水电站

一、陈蔡水电站

陈蔡水库位于诸暨市陈蔡镇，在开化江支流陈蔡江上，主流长17.5公里，集雨面积187平方公里，水库总库容1.16亿立方米，相应水库94米，正常库容6190万立方米，相应水库85米，是浦阳江上第一座大型水库，以防洪为主，结合灌溉、发电、水产养殖等综合利用。1977年3月正式动工，1980年10月大坝堵口，

陈蔡水库

1983年主体工程完工，1985年5月封孔蓄水，1991年6月通过浙江省水利厅组织的验收。

　　工程由拦河坝、副坝、非常溢洪道、泄洪闸、输水隧洞和电站等部分组成。大坝为黏土心墙砂壳坝，坝顶长535米，宽3米，坝顶高程94.5米；泄洪闸位于大坝左岸山头，宽6米，高10米，设计最大泄量2085立方米/秒；输水隧洞位于左坝头，隧洞长189.9米，洞径4米，进口高程56米，出口高程54米，最大流量108立方米/秒；水库坝后式电站装机3450千瓦，设计发电水头24米，发电流量15立方米/秒，年均发电量784.5万千瓦时，1983年3月开始安装发电机组，1985年7月电站建成并网发电。

二、石壁水电站

　　石壁水库（初名东升水库）位于诸暨市陈宅镇石壁村，在浦阳江开化江上

石壁水库

游璜山江上，因大坝左端为"石壁"，故以壁名。坝址以上主流长15公里，集雨面积108.8平方公里，总库容1.1亿立方米，是一座以防洪为主，结合灌溉、发电等综合利用的大（二）型水库。1958年9月开工，1960年3月堵口，1962年4月蓄水，1964年8月大坝竣工，1987年完成保坝工程。

枢纽工程由大坝、输水隧洞、泄洪闸、非常溢洪道和电站等组成。大坝为黏土心墙砂壳坝，坝高45.5米，坝顶长255米，坝顶高程56米；泄洪洞位于大坝左端110米，长345米，洞径5.5米，泄流量219立方米/秒；非常泄洪道位于大坝左端，进口宽15米，最大溢洪量480立方米/秒；输水隧洞位于大坝右侧，长271米，洞径2.2米，最大流量48立方米/秒。坝后式电站位于坝后右端，设计水头27米，发电流量7.0立方米/秒，装机2×630+200千瓦，设计年利用2610小时，年均发电量381万千瓦时，1965年动工兴建，1966年10月并网运行。

第四节　浦阳江流域水电梯级开发

一、壶源江—东溪梯级开发

1970年1月，浦江县从壶源江上游66.3平方公里引水入浦阳江支流东溪，在金坑岭水库上游利用落差91.5米，设计流量3.6立方米/秒，建成壶源江水电站，装机3×800千瓦，共2400千瓦，年发电量450千瓦时，尾水入金坑岭水库。原金坑岭水库建成的坝下电站装机960千瓦，下游干渠上建成金坑岭二级电站，装机400千瓦；与此同时，又先后在壶源江水电站上游兴建了3级4座水电站，总计建成6级7座电站，装机17台共5014千瓦，具体见表6-2。

表6-2　壶源江—东溪梯级电站主要技术指标

级	电站名称	开发形式	水头（米）	发电流量（立方米/秒）	装机容量（千瓦）	投产年月
1（1）	派顶电站	引水	18	1.0	129	1972.5
1（2）	外胡电站	引水	25	3.6	500	1982.7
2	石宅电站	引水	22	2.5	375	1979.4
3	杭坪电站	引水	8	3	250	1974.7
4	壶源江电站	引水	91.5	3.6	2400	1980.4
5	金坑岭电站	坝后	28	5.2	960	1982
6	金坑岭二级电站	引水	18	—	400	1982

二、陈蔡江梯级开发

陈蔡江源出皂角岭，由上林溪、流子里溪两溪所汇。干流上建梯级电站6座，总装机6470千瓦，具体见表6-3。

表6-3　陈蔡江梯级电站主要技术指标

开发级数	电站名称	开发形式	水头（米）	发电流量（立方米/秒）	装机容量（千瓦）	投产年月
1	泉安电站	引水	89	0.8	630	1972.5 2008
2	西岩二级电站	引水	36	3	810	1974.10
3	孝四电站	引水	30	3	640	1978.2
4	陈蔡电站	坝后	24	15	3450	1984.7
5	陈蔡二级电站	径流	—	—	500	1984.7
6	合水堰电站	径流	2.6	—	570	2001.1

三、龙泉溪梯级开发

龙泉溪，源出白岩山东麓，在璜山双溪口汇入璜山江。龙泉溪上已建梯级电站4座，利用水头204米，装机1780千瓦，具体见表6-4。

表6-4　龙泉溪梯级电站主要技术指标

开发级数	电站名称	开发形式	水头（米）	发电流量（立方米/秒）	装机容量（千瓦）	投产年月
1	化泉一级电站	引水	25	0.7	100	1985.12
2	化泉二级电站	引水	26	1	160	1979.5
3	化泉三级电站	引水	80	1.2	800	1979.5
4	化泉四级电站	引水	73	1.2	720	1974.5

第七章 乌溪江

第一节 乌溪江水力资源

乌溪江，古称东溪、周公源，发源于福建省浦城县大福罗峰，干流长159.9公里，流域面积2577.3平方公里。乌溪江蜿蜒盘旋于崇山峻岭之间，山区面积占93%，局部高山还保存了较大面积的原始森林，山水交融，山清水秀，自然环境优美，气候冬暖夏凉，十分宜人。

源出大福罗峰后，东北流至刺山头进入浙江省境，经龙泉，至遂昌县焦滩进入湖南镇水库，左岸有周公源、上埠溪、湖南溪注入，右岸有湖山源、举埠溪等汇入，出湖南镇水库，向北经项家，注入黄坛口水库。出水库后，东岸有黄坛源水汇入，流经石室乡、花园街道，在鸡鸣渡附近注入衢江。

黄坛口水库以上，乌溪江横穿仙霞岭，蜿蜒于高山峡谷间，水流峻急，且有较大的落差，水力资源丰富，理论蕴藏量27.5万千瓦，合106.2千瓦每平方公里，为钱塘江水系最大。

第二节　乌溪江水力发电厂

　　乌溪江电厂分黄坛口电站和湖南镇电站，前者为新中国成立后最早兴建的水电站之一，装机3万千瓦，被誉为"新中国水电建设打响的第一枪"，是中国水电发展的一座历史丰碑，有"中国水电建设摇篮"之称。湖南镇电站建设经历国民经济调整和"文化大革命"两个时期，建设周期长，装机17万千瓦，后经过两次扩容，现装机32万千瓦。

一、工程查勘设计

1. 黄坛口电站

　　民国19年（1930）7月25日，衢县县长冯世模在浙江省建设厅第七次会议上提出《利用乌溪江水利筹设发电厂》案，获得通过。民国29年（1940），国民政府资源委员会水力发电勘测总队派员到乌溪江勘测坝址。民国35年（1946）11月，衢县成立水利委员会，通过"提早兴建黄坛口乌溪江水力发电工程"，致

乌溪江

电浙江省建设厅，请求兴建黄坛口乌溪江水力发电工程。民国36年（1947）7月1日，浙江省第五行政督察区专员钟诗杰致电省水利局长，建议中央与省合办黄坛口水力发电站，兼顾水利和电力；12月10日，省参议会通过《兴建黄坛口水力发电》案，26日函请省政府迅速办理。次年1月15日，浙江省政府主席沈鸿瑞函复省参议会："当即转函资源委员会拨款兴工在案。" 同年6月6日，又著文称黄坛口水力发电工程经钱塘江水力发电勘测处设计完竣。民国38年（1949）4月，完成黄坛口水库库区和坝址测量。

新中国成立前，乌溪江开发方案有二：一是在黄坛口建90米高坝的一级开发方案，另一是分别在洋口、小湖南和黄坛口建3座坝，各抬高水头30米的3级开发方案。新中国成立后，在进一步调查的基础上，认为出于地质和技术上的原因，都不宜建高坝。1950年5月，钱塘江水力发电勘测处制订完成《衢县黄坛口水利发电工程计划》，采用两级开发方案：在小湖南建第一级站，抬高水头60米，在黄坛口建第二级站，抬高水头30米，装机9000千瓦，年发电量4900万千瓦时，待上游湖南镇水利发电站建成后，再扩大装机至1.2万千瓦。

1951年7月1日，中共浙江省委、省人民政府决定兴建黄坛口水力发电工程。由于前期地质勘测工作未做好，在边设计边施工的情况下，工程设计一再修改。

1951年10月至1953年12月，推算乌溪江最大洪水流量5000立方米/秒，建混凝土重力坝，坝高40米，坝长194米；大坝设溢流道9孔，孔宽10米；左岸坝后式厂房，装3000千瓦水轮发电机组5台。

1953年12月至1955年12月，在施工中发现左坝头是滑坡破碎区；同时发现原

先洪水流量偏小，将千年洪水流量修正为10000立方米/秒。随即修改枢纽布置，电站厂房移至右岸，改坝后式为引水式，装机改为：第一期安装3×3000千瓦水轮发电机组，第二期安装2×10000千瓦机组，共计2.9万千瓦。

1955年12月至1956年6月，按百年洪水量校正为7300立方米/秒，千年洪水流量校正为11750立方米/秒，装机改为4×7500千瓦机组，共30000千瓦。

2. 湖南镇电站

1953年7月和10月，华东水力发电工程局勘测处调查组先后调查湖南镇水库迪青坝址至遂昌县琴圩乡中圩村和龙鼻头坝址两淹没区社会经济状况。1957年8月27日，浙江省工业厅致函上海水力发电勘测设计院，要求提前设计湖南镇水力发电站；10月，该院组成乌溪江勘测队开始湖南镇水力发电站坝址勘探。

1958年3月，初步设计为混凝土双肋墩式大头坝，坝高140米，选定坝址于湖南镇项家，确定装6.5万千瓦机组3台，共19.5万千瓦，并于8月通过初步设计审查，同时开工兴建。1959年11月坝型改为宽缝重力坝；1960年10月，为节省水泥，采用填石混凝土腹孔坝方案施工。

1961年7月，恢复宽缝重力坝，审定坝高为132米，正常高水位235米，装机13.5万千瓦；1966年7月水电总局审定，正常高水位降至210米，装机12万千瓦。1972年，水利电力部审定，坝型为混凝土梯形坝，拟改用3×4.25万千瓦机组，共计12.75万千瓦。1974年，为适应系统调峰需求，电站装机最终审定4×4.25万千瓦，总计17万千瓦。同时在5号坝段上，为今后扩容，预埋直径5.4米钢管。至此，设计定型，按此方案进行建设。

二、工程建设

1. 黄坛口电站

1951年7月黄坛口水电站列入浙江省三年建设计划，由浙江水力发电工程处负责筹建。1951年10月1日，水电站主体工程正式开工，12月第一期围堰顺利完成；1952年2月22日黄坛口大坝第一块混凝土奠基。在地质勘测不周到、水文资料不足的情况下，工程边设计、边施工，1953年3月在左岸坝头发现了破碎区，挖不到岩面；同时发现设计洪水流量偏小、设计图纸难定，工程停工进行勘测补课。1954年1月，对黄坛口水电站枢纽布置重新修改设计后，工程恢复施工，然而一波未平、一波又起。1955年2月，因与电站配套建设的衢州化工厂、水泥厂未动工兴建，又时值国家为开发赣南钨矿兴建上犹江水电站，工程再一次停止施工。1956年3月，为解决新安江水电站施工用电和浙西工业发展用电的需要，国务院批文复工建设。1958年5月1日，黄坛口电站第一台机组建成发电，至1959年11月4台机组相继投产，电站总装机容量3万千瓦。

因浙江电网调峰的需要，1992年底开始动工兴建水电站扩建工程，增装单机容量26000千瓦机组2台，1995年3月完成扩建。2003年黄坛口水电站1—4号机的增容改造，单机由7500千瓦增容至9000千瓦，2006年4月完成了2号机组的增容，增加容量1500千瓦，于2007年完成全部机组改造任务。

2. 湖南镇电站

1957年浙江省工业厅委托上海水力发电勘测设计院进行湖南镇水电站设计。同年10月，上海水力发电勘测设计院组成乌溪江勘测队勘测坝址地质，次年3月提出报告，经浙江省人民政府和浙江省重工业厅会同苏联专家审定坝址，动工兴建。

1958年审定电站大坝坝址后，5月成立乌溪江水力发电工程局；8月初左岸第一期围堰动工；10月围堰合龙后，开工开挖坝基；11月引水隧洞动工。1960年11月，开始浇筑大坝混凝土；1962年停工缓建。1968年8月，水利电力部上报国家计划委员会要求复工。批准后，1970年5月正式复工，10月右岸二期围堰开工，1972年2月完成。1979年1月12日大坝封堵导流底孔，开始蓄水；12月30日，首台第四号机组投产发电；1980年10月4台机组全部并网投产。为提高华东电网的调峰能力，充分发挥水力资源，1994年12月扩容工程开工，利用已预埋在5号坝段的引水钢管，扩容1台单机10万千瓦的水轮发电机组，扩大后总装机容量增加至27万千瓦，1996年10月扩建工程完成。2001年12月启动机组减振增容技术改造工作，2010年12月湖南镇电站减振增容技术改造完成，新增装机5万千瓦，总装机32万千瓦。

三、工程规模及枢纽布置

1. 黄坛口电站

水库集雨面积2484平方公里，坝址以上干流长143公里。据浙江省水利厅1982年6月资料，校核洪水位119.4米，总库容1.04亿立方米，正常高水位115米，相应库容为7950万立方米，水面面积6.5平方公里；死水位105.5米，相应库容3280万立方米，兴利库容4670万立方米。

枢纽建筑物由拦河坝、土坝接头、西导墙、右岸引水隧洞、坝后式厂房以及扩建新厂房等建筑物组成。

水库主坝为混凝土重力坝，坝顶高程120米，最大坝高44米，坝顶全长153米，宽5.2米；西山副坝为黏土斜墙堆石坝，高35米，顶长300米；主坝溢流段坝顶高程105.5米，原设10孔溢洪道，顶上安装10扇10.5×9.5米钢板弧形闸门，过水能力11750立方米/秒。1992年将9号、10号改建为发电进水口，安装2×26000千瓦发电机组。

电站厂房位于大坝下游右岸。引水隧洞位于主坝右端山体内，洞长223米，进口中心高程100米，内径6米；末端设差动式调压井，井径17米；后接4条钢板压力岔管，直径为3.4米，连接厂房4台水轮发电机组。

电站装机容量8.8万千瓦，其中1958年5月、1958年7月、1959年9月和1959年11月单机7500千瓦的1—4号机组先后发电，装机3万千瓦，1995年3月，电站扩建2×26000千瓦机组，电站装机容量达8.2万千瓦；2007年完成1—4号机组技改增容，装机4×9000千瓦机组，电站总装机容量8.8万千瓦。电站设计水头28米，

湖南镇电站

1995年完成扩建后，满负荷发电出库流量340立方米/秒，年均发电量1.8042亿千瓦时。

2. 湖南镇电站

湖南镇水电站坝址控制流域面积2197平方公里，占流域面积的85%。水库可能最大降雨的水库保坝洪水位为240米，总库容20.67亿立方米；正常高水位230米，库容15.82亿立方米；死水位190米，库容4.48亿立方米，兴利库容11.34亿立方米。

枢纽主要由拦河坝、电站厂房、开关站和航运过坝设施等组成。

湖南镇水电站在中国首创采用混凝土梯形坝，最大坝高129米，在全国同类型坝中居首位，是钱塘江第一高坝。坝顶长440米，坝顶宽7米，分23个坝段；溢洪道设在坝体中部，净长72.5米，共分5孔，每孔设有宽14.5×15.7米的弧形钢闸门；在溢洪道支墩内布置了4×2.5米的泄洪底孔，总泄量为10600立方米/秒。

引水建筑物布置在右岸，进水口位于拦河坝坝前的山坳内，沿右岸山脊设

乌溪江引水工程

置引水隧洞、调压井、高压管道，至下游与地面厂房连接。进水口中心高程177米，压力隧洞全长1140米，内径7.8米；末端设双井差动式调压井，下接内径7.2米高压钢板管，以下分设4条直径为3.2米的钢板岔管，接水轮发电机组。

电站厂房位于拦河坝下游右岸5公里的迪青村，电站总装机容量32万千瓦。其中1980年建成的老电厂装机容量17万千瓦，1996年扩建1×10万千瓦水轮发电机组，2010年12月新增装机5万千瓦。设计发电尾水位116.8米，电站设计水头90米，流量222.8立方米/秒，保证出力5.21万千瓦，年发电量5.4亿千瓦时，以220千

伏、110千伏的高压输电线路与华东电力系统联网。

四、工程效益

湖南镇水库属多年调节水库，电力生产除在高水位时担负系统基荷外，一般均担负峰荷。为减少弃水，降低水耗，与黄坛口梯级水电站实行联调。根据不同水位，或按保证出力调度，两站水量平衡调度；或黄坛口水电站满发，湖南镇水电站补偿；或两站均满载运行。自黄坛口电站发电以来，至2010年底，黄坛口、湖南镇电站发电已累计近220亿千瓦时，为浙西地区的工农业生产和资源开发发挥了重要作用。

湖南镇水库在汛期限制水位以上的最大防洪库容5.65亿立方米，可控制1955年型洪水下泄流量不大于2000立方米/秒，一定程度上保证了乌溪江下游5万亩农田的防洪安全。通过水库的调蓄，在遇千年一遇洪水时，下泄流量不超过5500立方米/秒；在遇万年一遇洪水时，下泄量不超过10600立方米/秒，使下游黄坛口水电站大坝在千年、万年一遇洪水时得到安全保障。

同时，素有"江南红旗渠"之称的乌溪江引水工程，飞越灵山江，横跨金衢盆地10条大溪，洞穿18座大山，将清澈的乌溪江水输送到金华、衢州两地的六个县市区，从根本上解决了金华、衢州南部地区70多万亩农田严重干旱缺水的问题。

此外，依托一江（乌溪江）两湖（九龙湖、仙霞湖）丰富的山水资源、历史文化资源和水电工业资源，开发了乌溪江"生态工业游"项目，以秀丽的湖光山色、雄伟的水利水电建筑、神奇的节理石柱吸引了大批中外游客，并获得"全国工业旅游示范点"、"衢州人游衢州最佳旅游景点"等荣誉，成为衢州山水旅游的品牌。

第三节　乌溪江小水电建设

乌溪江有丰富的水力资源，但新中国成立以前，这些资源并没有得到开发利用。民国时期，仅进行了初步勘测规划，并未实际动工。

新中国成立后，为开发乌溪江水力资源，1951年10月，国家开始在黄坛口兴建水电站。1958年8月又在乌溪江开工兴建湖南镇水电站，两站装机20万千瓦。

与此同时，在地方政府的领导下，各地积极开展小水电建设。至1989年，全流域建设小水电43座，装机4207千瓦。但随着大电网建设，小水电失去利用价值，部分则因设备陈旧或破坏，每年都有电站报废。

进入21世纪，党中央把农村水电列为覆盖千家万户、促进农民增收、效益更显著的农村基础设施，放在更重要的位置上，扩大投资规模，小水电建设迎来了新的发展机遇。乌溪江流域所在的衢江区、遂昌县政府把发展小水电产业作为区域经济发展的突破口，按照"以林养水、以水发电、以电兴业"的发展战略，积极引导个体办电、招商引资办电，形成了国家、集体、个体以合资、独资和股份制等多渠道、多层次、多主体、多形式的水电开发格局，乌溪江流域小水电建设取得跨越式发展。仅2000年到2010年，乌溪江流域建成500千瓦以上水电站57座，装机15.92万千瓦，其中周公源三级开发装机5.36万千瓦，碧龙源水电站1.26万千瓦，迪青电站装机10000千瓦，井惠口电站6400千瓦，金竹电站6400千瓦。乌溪江干流遂昌段在建蟠龙（装机1.6万千瓦）、大溪坝（装机1万千瓦）。乌溪江流域装机500千瓦以上小电站基本情况见表7-1。

表 7-1　乌溪江流域装机 500 千瓦以上水电站基本情况

电站名称	所在县市	所在河流	开发形式	装机容量（千瓦）	建成时间
闹桥电站	衢江区	乌溪江	引水	5000	1988
王村口水电站	遂昌县	乌溪江	引水	640	1992

续表

电站名称	所在县市	所在河流	开发形式	装机容量（千瓦）	建成时间
独山水电站	遂昌县	乌溪江	引水	1500	2005
柯达电站	柯城区	乌溪江	混合	3750	2005.6
迪青电站	衢江区	乌溪江	引水	10000	2005.6
仙霞电站	衢江区	乌溪江	引水	520	2001
碗窑垄电站	衢江区	乌溪江（黄坛口水库）	引水	1130	1981.7
周调水电站	龙泉市	乌溪江—碧龙溪	引水	600	2003
碧龙源水电站	遂昌县	乌溪江—碧龙源	混合	12600	2005.7
插坑电站	遂昌县	乌溪江—碧龙源—插坑	引水	1890	2006.10
叠石电站	衢江区	乌溪江—东仓溪	引水	1000	2004
王石水电站	遂昌县	乌溪江—关川—对正坑	引水	830	2006
珠丰电站	衢江区	乌溪江—航埠溪	引水	500	2004
天湖电站	衢江区	乌溪江—湖南溪	引水	1260	2004
双龙电站	衢江区	乌溪江—湖南溪	引水	1040	1997
车床水电站	遂昌县	乌溪江—湖山源	引水	1600	2005
九墅电站	遂昌县	乌溪江—湖山源	径流	880	1981.3
梭溪桥电站	遂昌县	乌溪江—湖山源	引水	640	1995
纱帽潭水电站	遂昌县	乌溪江—湖山源	引水	640	2000
三归电站	遂昌县	乌溪江—湖山源	引水	1890	2004
交塘水电站	遂昌县	乌溪江—湖山源—金竹溪	引水	4000	1998
古楼水电站	遂昌县	乌溪江—湖山源—金竹溪	引水	1890	2004.9
金川水电站	遂昌县	乌溪江—湖山源—金竹溪	引水	800	2005
大西坞电站	遂昌县	乌溪江—湖山源—兰蓬坑—金坑溪	引水	1260	2006

续表

电站名称	所在县市	所在河流	开发形式	装机容量（千瓦）	建成时间
金竹电站	遂昌县	乌溪江—湖山源—梭溪	引水	6400	2010
黄赤水电站	遂昌县	乌溪江—黄塔源	引水	820	2000
科龙电站	柯城区	乌溪江—黄坛源	引水	640	1998
东祥电站	柯城区	乌溪江—举埠溪	引水	1000	2006
泓源电站	衢江区	乌溪江—坑口溪	引水	630	2003
龙井电站	衢江区	乌溪江—破石坑	引水	800	2003
虎跃电站	衢江区	乌溪江—上埠溪	引水	800	1998
白岩电站	衢江区	乌溪江—上埠溪	引水	720	2002
板固电站	衢江区	乌溪江—上山溪	引水	640	2000
胜塘源电站	衢江区	乌溪江—上山溪	引水	640	2004.3
思源电站	衢江区	乌溪江—上山溪—罗樟源	引水	1890	2008
罗樟源电站	衢江区	乌溪江—上山溪—罗樟源	引水	1000	2003
云程水电站	衢江区	乌溪江—上山溪—罗樟源	引水	960	2010.9
华家电站	衢江区	乌溪江—晚田后坑	引水	500	2003
金山电站	衢江区	乌溪江—晚田后坑	引水	500	2004
西坑里水电站	遂昌县	乌溪江—西坑下坑	引水	1260	2006
西坑水电站	遂昌县	乌溪江—西坑下坑	引水	3200	2006.5
金鸡岩水电站	遂昌县	乌溪江—洋溪源	引水	500	2008
官坑水电站	遂昌县	乌溪江—洋溪源—官坑	引水	630	2007
湖岱口水电站	遂昌县	乌溪江—洋溪源—官坑	引水	2400	1984.5
际下电站	遂昌县	乌溪江—周公源	引水	800	2005
吾家柱水电站	遂昌县	乌溪江—周公源	引水	640	2006

续表

电站名称	所在县市	所在河流	开发形式	装机容量（千瓦）	建成时间
黄金滩水电站	遂昌县	乌溪江—周公源	引水	950	2007
半岭电站	遂昌县	乌溪江—周公源	引水	765	1998
大熟水电站	遂昌县	乌溪江—周公源	引水	640	2004.5
周公源一级电站	遂昌县	乌溪江—周公源	坝后	25000	2009.3
周公源二级电站	遂昌县	乌溪江—周公源	引水	12600	2009.3
周公源三级电站	遂昌县	乌溪江—周公源	引水	16000	2009.5
陈坑水电站	遂昌县	乌溪江—周公源—陈坑	引水	3200	2006
金石坑水电站	遂昌县	乌溪江—周公源—陈坑	引水	1260	2005
石马岱电站	遂昌县	乌溪江—周公源—砻下坑	引水	3200	2009
垄下坑水电站	遂昌县	乌溪江—周公源—垄下坑	引水	650	1982.10
潘接坑口电站	遂昌县	乌溪江—周公源—潘接坑	引水	1200	2005
左别源水电站	遂昌县	乌溪江—周公源—左别源	引水	1890	2011
潘床口水电站	龙泉市	乌溪江—住溪	引水	1500	1999.5
百步岭电站	龙泉市	乌溪江—住溪	引水	2060	2002
梨树坪电站	龙泉市	乌溪江—住溪	引水	3320	2002.10
黄皮电站	龙泉市	乌溪江—住溪	引水	800	2003
谷坑电站	龙泉市	乌溪江—住溪	引水	1260	2005
水塔电站	龙泉市	乌溪江—住溪	引水	3200	2006
青井水电站	龙泉市	乌溪江—住溪	引水	1000	2006
井惠口电站	龙泉市	乌溪江—住溪	引水	6400	2006.3
建平电站	龙泉市	乌溪江—住溪	引水	1890	2008
住龙电站	龙泉市	乌溪江—住溪	引水	3200	2009

第四节　乌溪江流域水电梯级开发

一、乌溪江干流水电开发

乌溪江干流上兴建了湖南镇水电站、黄坛口水电站。为充分开发和利用乌溪江水资源，又先后在黄坛口水电站下游修建柯山水电站、柯达水电站、闹桥水电站，在遂昌县乌溪江干流河段修建了大溪坝水电站、蟠龙水电站。

1. 柯山水电站

柯山水电站位于著名风景区烂柯山下的乌溪江旁，距黄坛口水电站约8公里，为乌溪江引水灌溉工程的配套电站，利用黄坛口水电站尾水流量及引水干渠与乌溪江水位之落差进行发电。电站设计水头9.7米，最大水头10.4米，最小水头5.1米，安装4×1600千瓦水轮发电机组，设计流量20.22立方米/秒，多年平均利用小时为3855小时，电站年平均发电量为246万千瓦时。电站1991年2月初动工兴建，1992年底投产发电。电站的兴建对充分利用现有水力资源，增加季节性发电量，改善电网的供电水平，发展地方经济以及完善乌溪江引水工程起了积极作用。

2. 柯达水电站

柯达水电站是在柯山水电站扩容基础上兴建的一座子电站，装机3×1250千瓦水轮发电机组，主要利用乌引枢纽拦河坝弃水发电，弥补由于黄坛口水电站扩容而造成柯山水电站的电能损失，以充分开发和利用乌溪江水资源。柯达电站于2003年12月28日开工，2005年6月完工，电站设计年发电量729万千瓦时。

3. 闹桥水电站

闹桥水电站位于浙江省衢州市东郊6公里处的闹桥村，系乌溪江流域梯级开发第四级，是一座以发电为主的低水头大流量引水式电站。安装4×1250千瓦水轮发电机组，水头落差8.1米，引水渠道5.09公里，流量84立方米/秒，利用湖南镇和黄坛口两电站的尾水发电，年利用小时达5980小时，年均发电3000万千瓦时。1979年10月动工兴建，1988年底建成发电。

4. 大溪坝水电站

大溪坝水电站位于乌溪江干流遂昌县境内，距遂昌县城约73公里，流域面积463平方公里，多年平均径流量5.72亿立方米，水库正常蓄水位296米，水库总库容为118万立方米。发电引水隧洞4331米，电站装机2×5000千瓦，多年发电量2768万千瓦时。工程于2010年10月动工。

5. 蟠龙水电站

蟠龙水电站位于乌溪江干流遂昌县境内，坝址以上集水面积727平方公里，水库总库容514万立方米，水库正常蓄水位254.80米，装机容量1.6万千瓦，多年平均发电量3499万千瓦时。蟠龙水电站是《浙江省小型水库建设规划》和《乌溪江（遂昌境内）干流水电梯级开发方案调整报告》推荐的开发项目之一，于2008年6月20日开工建设。

二、周公源梯级开发

周公源梯级水电站位于遂昌县境内乌溪江支流周公源上，共分三级开发，工程以发电为主，总装机容量为5.36万千瓦，年设计发电量1.29亿千瓦时，是遂昌县装机容量最大的电站。工程主要建筑物有大坝、泄洪建筑物、发电引水系统、发电厂等。

一级电站坝址位于遂昌县拓岱乡，距县城约92公里，大坝为抛物线型双曲拱坝，最大坝高54米。坝址以上控制流域面积162平方公里，正常蓄水位472米，水库总库容为2147万立方米。电站装机容量2.5万千瓦，设计发电水头108.41米，多年平均发电量6039万千瓦时，发电引水进水口位于大坝上游约1.5公里右岸，跨破石坑、罗汉源支流设管桥，隧洞水平投影总长8.8公里。电站有5处跨流域引水，其中直接引水入库的山石坑引水面积11.5平方公里，破石坑引水面积6.8平方公里。引水入洞的洋亩源引水面积23.7平方公里，罗汉源引水面积17平方公里，小洋坑引水面积3.85平方公里。电站主体工程于2005年5月开工，2009年3月基本完工并投入试运行。

二级电站坝址位于黄沙腰上定村，坝址以上控制流域面积269平方公里，水库总库容为158万立方米，正常蓄水位340.20米，正常库容74万立方米，安装2×6300千瓦水轮发电机组，设计年发电量2883万千瓦时。三级电站坝址位于黄沙腰镇邵村，电站厂房位于湖山乡左肩村，坝址以上控制流域面积336.4平方公里，正常蓄水位290.44米，水库总库容55万立方米，电站安装2×8000千瓦水轮发电机组，多年平均发电量4066万千瓦时。

表 7-2　周公源梯级开发主要技术指标

电站名称	开发形式	水头（米）	装机容量（千瓦）	年均发电量（万千瓦）	投产年月
周公源一级电站	混合	108.41	25000	6039	2009.3
周公源二级电站	引水	41.63	12600	2823	2009.3
周公源三级电站	引水	50.28	16000	4066	2009.6

第八章　江山港

第一节　江山港水力资源

江山港属钱塘江水系，古称大溪、鹿溪，又称须江。发源于双溪口乡浙、闽交界处仙霞岭北麓之苏州岭与龙门岗，由西南向东北穿行于山地丘陵之中，贯穿江山市境中部，在衢州市双港口与常山港汇合而成衢江。全长134公里，其中江山市境内105公里，衢江区29公里；流域面积1970平方公里，其中江山1704平方公里，衢江区266平方公里。

江山港天然落差943.5米，河道比降大，水流湍急，水力资源丰富。据1978年水力普查，江山港流域水力资源理论蕴藏量19.6万千瓦，其中可开发电能装机容量14.87万千瓦。

第二节　江山港流域小水电建设

一、水力资源勘察规划

1965年，浙江省水利水电勘测设计院会同江山县对流域查勘后，提出《江山港流域峡口以上梯级开发意见》，遵照中共浙江省委"低（坝）、小（型）、分（散）"的治水原则，提出峡口以上分白水坑口、柱塘和峡口3级开发水力资源的方案，并可灌溉农田6万亩。

1980年，江山县制订《江山港干流水电规划》，提出分峡口以上、峡口至英岸和英岸至双塔底3级开发。峡口以上宜建高坝大库，分老佛岩、白水坑、岭丈坑和峡口4级开发，共装机4.24万千瓦。峡口至英岸段，利用灌区东、西干渠引水建水力发电站6处，共装机5330千瓦。英岸至双塔底段拟引水建水力发电站3座，装机1.343万千瓦。3个河段共建13座水力发电站，装机6.116万千瓦，年发电量18744万千瓦时。

进入新世纪后，江山市水利局组织了专业队伍对流域内水力资源进行了摸底调查和初步规划，并委托浙江省水利水电勘测设计院按照"流域、梯级、滚动"的开发原则，编制了《江山市水电开发规划报告》。根据报告，江山港尚可开发500万千瓦及以上水电站32处，装机容量5.6万千瓦，年发电量1.71亿千瓦时，其中干流13座、总装机2.9万千瓦，规划年发电量1.04亿千瓦时；支流电站19座，总装机2.6万千瓦，规划年发电量6671万千瓦时。

二、小水电发展历程

新中国成立前，江山港流域水力发电处于空白。1959年，采用以土代洋、土洋结合、就地取材、自力更生的办法，试建微型水电站。翌年，何家山坝头水库及贺村电站，以木制水轮机、轴承箱等装机发电，装机21千瓦，为江山港流域水力发电之始。至1961年底，清湖、长台、淤头、凤林、上余、大桥等地，先后用同样办法建站发电，装机容量136.7千瓦。

1963年长坑垄水库坝后电站建成发电，装机128千瓦。此后，随着浙西电网建设，电力需求不断增加，流域内小水电建设成效显著，1973年，峡口水库电站建成并网发电，装机2×4000千瓦，至1975年底，水电装机容量达9421万千瓦，年均发电3783万千瓦时。后因浙西大电网输电线路延伸，电力敞开供应，且电价低廉，部分小水电停办或合并，至1997年，流域内水电装机32258万千瓦，全年发电量8037.27万千瓦时。

2002年《浙江省水力资源开发使用权出让管理暂行办法》颁布后，江山市提出了把小水电产业培育成重要产业的目标，积极探索和利用市场机制配置水力资源，坚持小水电建设与发展地方经济、保护农民利益相结合，小水电建设开创新局面。2002年8月，江山市以公开拍卖的方式，将江山港干流上的双塔电站作为开发权有偿转让试点，获得出让金655万元，电站于2004年建成并网发电。从2002年以来，按"水力资源有偿使用"的原则，分5批推出总装机16920千瓦、14座电站开发建设，出让金共达1995.2万元，吸引各类社会资金近1.8亿元投入小水电建设。至2010年底，流域内建成装机500千瓦以上23座，装机10.16万千瓦，具体见表8-1。

表 8-1　江山港流域装机 500 千瓦以上水电站基本情况

电站名称	所在县市	所在河流	开发形式	装机容量（千瓦）	建成时间
路口水电站	江山市	江山港—广渡溪—保安水	引水	800	1985
双塔水电站	江山市	江山港	径流	3150	2004.6
峡里湖水电站	江山市	江山港	径流	1890	2008
双塔底水电站	江山市	江山港	径流	2520	2008
白水坑电站	江山市	江山港	引水	40000	2003.6
峡口电站	江山市	江山港	混合	14000	1973 1997
泓一电站	江山市	江山港—青阳殿溪	引水	520	2004

续表

电站名称	所在县市	所在河流	开发形式	装机容量（千瓦）	建成时间
英岸电站	江山市	江山港	引水	960	1977.5
棠村电站	衢江区	江山港	引水	3960	2006
毛顺坑电站	江山市	江山港—达河溪	引水	500	2002
茹田电站	江山市	江山港—达河溪	引水	960	1973
金龙一水电站	江山市	江山港—达河溪—白石溪	引水	3200	2007
金龙二水电站	江山市	江山港—达河溪—白石溪	引水	1600	2007
须江电站	江山市	江山港—达河溪	引水	5000	2000.6
碗窑电站	江山市	江山港—达河溪	坝后	12600	1997.5
洞底电站	江山市	江山港—达河溪—青口溪	引水	800	1986
龙溪电站	江山市	江山港—广渡溪	引水	1200	2004
贺社水电站	江山市	江山港—峡口水库西干渠	径流	2230	1980.9
长坑垄电站	江山市	江山港—长台溪	坝后	510	1966
木西坂电站	江山市	江山港—长台溪	径流	640	2000
东坞坪电站	江山市	江山港—长台溪—张村溪	径流	500	1996.5
张村电站	江山市	江山港—长台溪—张村溪	引水	1000	1984
河碓电站	江山市	江山港—长台溪—张村溪	引水	2000	2008
皮石曲电站	江山市	江山港—长台溪—张村溪	引水	1600	2008

第三节　江山港流域主要水电站

一、碗窑水库电站

　　碗窑水库位于江山市碗窑乡，拦截江山港支流达河溪水，坝址以上集雨面积212.5平方公里。水库总库容2.228亿立方米，正常库容2.083亿立方米，相应水位196米，是一座以灌溉为主，结合供水、发电、防洪等综合效益的大（二）型水库工程。1992年经国家计委和水利部批准兴建，1993年4月10日枢纽工程动工，1996年6月底蓄水，1997年3月电站建设基本完成，1997年5月副坝建成。1997年5月16日12时至18日12时，电站持续试运行72小时后，并网生产运行。

　　枢纽工程包括拦河大坝、副坝、坝后电站等。其中拦河大坝采用"金包银"方式，是我省首座碾压混凝土重力坝，坝顶高程198米，坝高79米，坝顶长390米、宽8.5米；溢流堰长50米，堰顶高程188米，设5扇10×8米弧形钢闸门；右坝头山背后凹口设置挡水副坝，坝型为黏土心墙砂壳坝，坝顶高程199米，坝高16.5米。电站位于拦河大坝下游右岸，为坝后式电站，采用坝体埋管引水，总管长80米，直径3米，支管长11米，直径1.75米；电站设计发电水头57.38米，流量13.09立方米/秒，装机12600千瓦，发电年利用2440小时，设计年发电量3074万千瓦时。

　　碗窑水库建成后，灌溉面积32.1万亩，日可供水10万立方米，可以直接发挥出其本身的农田灌溉、供水、发电效益；同时通过水库调节，提高达河溪沿岸的防洪能力，对江山港下游汛期的洪峰起到削峰作用，社会经济效益显著。

　　电站建设形成的月亮湖是国家水利风景区、浙江省爱国主义教育基地、国家级蜂业示范区、国家级蜂产品基地。月亮湖有7大湖湾24岛，最大的野趣岛108亩。岛屿大小不一，形态各异；水域面积10平方公里，湖面开阔，山川秀美，空气清新，炎暑清凉，有"水上天然氧吧"之美誉。

碗窑水库

二、峡口水库电站

峡口水库电站位于江山市峡口镇，在江山港上游廿七都溪，坝址以上集雨面积399.3平方公里，水库总库容为6198万立方米，正常库容4680万立方米，相应水位237米，以灌溉为主，结合发电和水产养殖等综合利用。1966年9月动工兴建，1971年建成蓄水，1973年4月电厂并网发电。

枢纽工程由拦河大坝、引水发电隧洞、发电厂房等组成。拦河大坝属混凝土重力坝，坝高46米，坝顶长286米，宽4米；引水隧洞位于左岸山坡，长206.7米，衬砌后洞径4米，出口洞径4.5米。

电站厂房位于左岸隧洞出口处，装机2×4000千瓦，总容量8000千瓦，发电水头49.8米，流量26.4立方米/秒，设计年发电量2630万千瓦时。1995年7月，扩大装机2台，装机4000千瓦；扩容后峡口水库4台，总容量12000千瓦，设计年发电量3166万千瓦时。

随着峡口水库的建设，集观光、休闲、度假、避暑为一体的旅游胜地——峡里湖应运而生。峡里湖是第三批区"国家水利风景"，是中国国家级重点风景名胜区——江郎山的四大景区之一。峡里湖景区有大自然恩赐、国内外罕见的天象旅游资源——峡里神风。峡里神风"日落而作日出而息"，有风则晴，无风必雨，岁岁如约；此外还有神奇如三峡、秀丽似漓江的"绿色长廊"——峡谷画廊；有被中央电视台誉为"中华古瓷第一村"、中国保存最为完整的宋代陶瓷手工作坊——三卿口古瓷村，堪称峡里湖"三宝"。

峡口水库大坝

三、白水坑水库电站

　　白水坑水库为江山港梯级开发的龙头水库，位于峡口水库上游约20公里处，电站尾水与峡口水库正常蓄水位相衔接。水库坝址在江山市白水坑口村，集水面积330平方公里，主流长26公里，水库总库容2.48亿立方米，防洪库容0.54亿立方

白水坑电站内景

米，正常库容2.15亿立方米，调节库容1.21亿立方米，以发电、防洪为主，结合灌溉等功能的大型水利水电工程。工程于2000年12月1日开工，2001年9月27日实现截流，2002年10月大坝完成24212平方米面板混凝土浇筑，创下当时全国一次性大坝面板浇筑裂缝最长纪录，2003年3月30日水库实现封孔蓄水，2003年6月水库电站并网发电。

枢纽工程主要由大坝、泄洪洞、放空洞、发电引水隧洞、发电厂房及升压站等建筑物组成。大坝为混凝土面板堆石坝，最大坝高101.3米，是浙江省内坝高超过百米的第三大土石高坝，坝顶高程355米，坝顶长度228米，宽8米。泄洪洞均布置在大坝左岸，泄洪洞Ⅰ承担2/3的泄流量，泄洪洞Ⅱ承担1/3的泄流量，2个泄洪洞均由引水段、闸室段和无压泄洪洞（泄槽段）组成。

发电引水隧洞位于坝址上游右岸支流东家岭坑上，隧洞水平投影长约2700米，洞径6.5米，衬后洞径5.7米，为目前浙江省水利水电勘测设计院设计的最大引水隧洞洞径。电站装机容量40000千瓦，发电水头高96.7米，多年平均发电量9786万千瓦时。

白水坑水库的建成，从源头控制江山港流域的洪涝灾害，确保江山城区安全，缓解了钱塘江洪峰压力。通过峡口水库调节，从根本上解决了峡口水库现有灌区14.5万亩农田的高标准灌溉，有效推进了江山效益农业的发展和农村现代化建设进程；同时对优化江山电网电源结构，推动经济的可持续发展具有十分重要的战略意义。

第四节 江山港干流梯级开发

江山港干流全长134公里，天然落差1000米，水力资源丰富，理论蕴藏量10.5万千瓦。自1973年建成峡口坝下电站开始，已建梯级开发电站10座，总装机6.503万千瓦。梯级开发建水库2座：白水坑水库，总库容2.48亿立方米，正常库容2.15亿立方米；峡口水库，总库容为6198万立方米，正常库容4680万立方米，流域梯级开发电站见表8-2。

表8-2 江山港干流梯级开发主要技术指标

开发级数	电站名称	开发方式	水头（米）	装机容量（千瓦）	年均发电量（万千瓦时）	投产时间
1	白水坑电站	混合	96.7	40000	9786	2003.6
2	老佛岩电站	径流	40	400	160	1988.3
3	峡口电站	坝后	49.8	12000	3166	1973.4
4	峡里湖电站	径流	7	1890	400	2008
5	茅坂电站	径流	3.5	150	45	1973.5
6	英岸电站	径流	4.5	960	210	1977.5
7	双塔电站	径流	—	3150	—	2004.6
8	双塔底电站	径流	4	2520	1032	2008
9	棠村电站	径流	—	3960	—	2006

第九章 分水江

第一节 分水江水力资源

分水江，古名桐溪、学溪，别名天目溪、横港，发源于安徽省绩溪县山云岭，主源昌北溪自河源东北流入临安市境，经华光潭至鱼跳东南流，过龙岗纳昌西溪后称昌化江，至紫溪纳天目溪后称分水江。至印渚右纳后溪，至分水下游2公里右纳前溪，经毕浦、瑶琳、高翔、横村、旧县、横村至桐庐县城北注入富春江。分水江河道曲折，洪、枯水位变幅大，具山溪型河流暴涨暴落的特点。

分水江河长164公里，流域面积3444.3平方公里，天然落差965米，平均比降5.9‰，年均流量99.25立方米/秒，水力资源丰富，理论蕴藏量33万千瓦，可开发量21.15万千瓦，年发电量约10亿千瓦时。

第二节 分水江小水电建设

一、水力资源查勘规划

　　1958年，中共浙江省委、省人民委员会提出开发分水江水力资源的任务。上海水力发电勘测设计院于当年10月提出《分水江梯级开发要点报告》，建议采用

分水江

五里亭、尖山两级开发方案。次年8月，上海水力发电勘测设计院与华东水利学院勘测设计院，根据5月间五里亭水力发电站选址会议确定的既要发电，又要灌溉，减少淹没的原则，提出《分水江梯级开发方案报告》，建议采用青山殿、五里亭、毕浦和浪石埠4级开发方案，装机79750千瓦，以青山殿为第一期工程。

1967年，上海水力发电勘测设计院对昌化溪上游巨溪（昌北溪）的梯级开发作出初步规划。1970年，开展华光潭第一级水力发电站初步设计，坝高73米，装机1.2万千瓦。1984年8月至1985年4月，浙江省水利水电勘测设计院按浙江省水利厅的意见对巨溪进行水力发电梯级查勘规划，完成《巨溪水电梯级开发规划和第一期工程可行性研究报告》，推荐干流分华光潭和荞麦岭两级开发，分别装机6万和2万千瓦。

水利电力部水电规划设计院给华东勘测设计院下达符合分水江的水力发电

开发规划和青山殿电站初步设计任务。1989年5月29日至6月2日，华东勘测设计院组织人员现场查勘，于7月编成《分水江规划暨青山殿水电站初设复核查勘报告》，建议按华光潭、荞麦岭、青山殿、西乐、五里亭（或印渚）、毕浦、浪石埠、尖山等8级或9级方案开发作进一步论证。

1998年，受杭州市林业水利局的委托，浙江省水利水电勘测设计院完成《分水江流域综合规划报告》，干流兴建华光潭一级、华光潭二级、青山殿、分水江枢纽、龙潭、毕浦、浪石埠等水电站，主要支流新建6座、扩建1座水电站。

二、小水电发展历程

分水江流域内自然落差大，雨量充沛，水力资源丰富。新中国成立后，人民政府非常重视水力资源开发。1955年7月，中共浙江省委书记江华途径昌化，面示县领导："昌化山区，河流多，坡度陡，水力资源丰富，可以兴建水力发电站"。嗣后，昌化县人民政府着手昌化水电站勘测设计，翌年3月动工，1957年首台100千瓦机组发电。同年，桐庐县分水儒桥引水式小水电站建成，水头4米，装机12千瓦。这一时期建设的水电站装机小，设备简单，水轮机多为木质定浆机，在1965年大电网普及后，水电站逐渐都被淘汰。

20世纪70年代，贯彻"大中小并举，国家办和地方办相结合"方针和"谁建、谁管、谁有、谁受益"政策，小水电建设发展迅速，从径流式、低水头向引水式、高水头发展，小流域梯级开发也逐渐兴起。1974年5月、1975年7月和1979年12月，建成坞口二级、一级、三级电站，利用水头88米，装机560千瓦，年均发电量142万千瓦时；奇源一级、二级、三级电站也在这一时期建成，利用水头83米，装机445千瓦，年均发电109万千瓦时。

20世纪80年代，流域水电建设迈上新台阶。英公水库梯级开发、桃花溪梯级开发等具有调节性能的水电站相继投产发电，鱼跳一级、合村、武隆、西乐等一批装机超1000千瓦的电站建成发电。

20世纪90年代开始是流域水电开发的黄金时期，股份制成为水电开发的主要形式，水电建设规模不断扩大，干流水力资源开发成为主角。青山殿（装机40000千瓦）、华光潭一级（装机60000千瓦）、华光潭二级（装机25000千瓦）、五里亭（装机30000千瓦）、毕浦（装机13000千瓦）这些《分水江流域综合规划》推荐项目都相继投产发电。至2010年底，流域内有装机500千瓦以上的水电站59座，装机23.619万千瓦，具体见表9-1。

表 9-1 分水江流域装机 500 千瓦以上水电站基本情况

电站名称	所在县市	所在河流	开发形式	装机容量（千瓦）	建成时间
西乐电站	临安市	分水江	径流	1000	1981.3
五里亭电站	桐庐县	分水江	径流	30000	2005.8
毕浦水电站	桐庐县	分水江	径流	13000	2009.1
武隆电站	临安市	分水江—昌化溪	引水	1600	1988.4
白牛二级电站	临安市	分水江—昌化溪	引水	1200	1995.5
青山殿电站	临安市	分水江—昌化溪	混合	40000	1998.5
二村电站	临安市	分水江—昌化溪	混合	1000	2003.9
二村二级电站	临安市	分水江—昌化溪	引水	1260	2006.1
陶金坪电站	临安市	分水江—昌化溪—昌北溪	引水	500	1997.11
荞麦塘电站	临安市	分水江—昌化溪—昌北溪	引水	2500	2004
剑门潭电站	临安市	分水江—昌化溪—昌北溪	混合	500	2004.11
华光潭二级电站	临安市	分水江—昌化溪—昌北溪	混合	25000	2004.5
华光潭一级电站	临安市	分水江—昌化溪—昌北溪	混合	60000	2005
华兴电站	临安市	分水江—昌化溪—昌北溪	引水	4800	2005.9
石门潭一级电站	临安市	分水江—昌化溪—昌北溪	混合	3200	2006.3

续表

电站名称	所在县市	所在河流	开发形式	装机容量（千瓦）	建成时间
石门潭二级电站	临安市	分水江—昌化溪—昌北溪	引水	3200	2007
龙潭电站	临安市	分水江—昌化溪—昌北溪—合溪	引水	1000	1996.8
浮桥电站	临安市	分水江—昌化溪—昌北溪—上溪	引水	800	1983.10
鱼跳电站	临安市	分水江—昌化溪—昌北溪—上溪	引水	2400	1988.8
桃花溪二级电站	临安市	分水江—昌化溪—昌北溪—桃花溪	引水	640	1981.2
相见电站	临安市	分水江—昌化溪—昌北溪—柘林坑溪	引水	500	1981.12
千顷塘电站	临安市	分水江—昌化溪—昌北溪—柘林坑溪	引水	1600	1993.12
柘林电站	临安市	分水江—昌化溪—昌北溪—柘林坑溪	引水	640	1996.4
桐坑电站	临安市	分水江—昌化溪—昌南溪	混合	1000	2005
青龙山电站	临安市	分水江—昌化溪—昌南溪	引水	630	2008
无他电站	临安市	分水江—昌化溪—昌西溪	引水	500	1983.1
颊口电站	临安市	分水江—昌化溪—昌西溪	引水	640	1997.11
马啸四级电站	临安市	分水江—昌化溪—昌西溪—颊口溪	引水	600	1983.8

续表

电站名称	所在县市	所在河流	开发形式	装机容量（千瓦）	建成时间
马啸五级电站	临安市	分水江—昌化溪—昌西溪—颊口溪	引水	1000	2004.11
山边电站	临安市	分水江—昌化溪—昌西溪—颊口溪	引水	630	2006
马啸二级电站	临安市	分水江—昌化溪—昌西溪—颊口溪	引水	1600	2006.12
珍珠塘电站	临安市	分水江—昌化溪—昌西溪—颊口溪	引水	500	2009
双石电站	临安市	分水江—昌化溪—董溪	引水	800	2004.8
新建电站	临安市	分水江—昌化溪—董溪	混合	1600	2006
杨树电站	临安市	分水江—昌化溪—董溪	引水	800	2008
良源电站	临安市	分水江—昌化溪—黄干溪	混合	2000	2005
良源二级电站	临安市	分水江—昌化溪—黄干溪	引水	2000	2007
沃溪一级电站	临安市	分水江—昌化溪—黄干溪—沃溪	混合	800	2005
马山一级电站	临安市	分水江—昌化溪—悉山水	引水	500	1983.4
马山二级电站	临安市	分水江—昌化溪—悉山水	引水	640	1990.1
马山三级电站	临安市	分水江—昌化溪—悉山水	引水	500	1997.5
沈溪电站	临安市	分水江—昌化溪—悉山水	混合	2000	2004
林峰电站	临安市	分水江—昌化溪—悉山水—俞家坞水	引水	800	2002.11

续表

电站名称	所在县市	所在河流	开发形式	装机容量（千瓦）	建成时间
塘源电站	临安市	分水江—昌化溪—新溪坑	引水	800	2007
合村水电站	桐庐县	分水江—后溪	引水	1830	1985.7
麻溪水电站	桐庐县	分水江—后溪—麻溪	引水	3200	2007.7
小京坞水电站	桐庐县	分水江—后溪—小京坞	引水	800	2007
高凉亭水电站	桐庐县	分水江—后溪—瑶溪	引水	1500	1991
天子凹水电站	桐庐县	分水江—后溪—瑶溪	引水	3200	2005.12
双坑水电站	桐庐县	分水江—后溪—竹源溪	引水	1000	2006
东关电站	临安市	分水江—天目溪—东关溪	引水	1600	2001.8
东关一级电站	临安市	分水江—天目溪—东关溪	混合	500	2005
东河电站	临安市	分水江—天目溪—东关溪	引水	500	2006
绍鲁电站	临安市	分水江—天目溪—东关溪—白兀溪	引水	960	1995.4
西关一级电站	临安市	分水江—天目溪—东关溪—西关溪	坝后	520	1978.7
鲍家电站	临安市	分水江—天目溪—东关溪—西关溪	引水	640	1995.6
英公一级电站	临安市	分水江—天目溪—丰陵溪—虞溪	坝后	1260	1981.12
甘溪二级电站	临安市	分水江—天目溪—甘溪	引水	1500	1993.11
龙王桥电站	临安市	分水江—天目溪—太阳溪	混合	500	1982.5

第三节　分水江流域主要水电站

一、华光潭一级电站

华光潭一级水电站是流域内唯一一座中型水电站，位于分水江干流昌化溪上游昌北溪上，坝址以上流域面积266.1平方公里，占昌北溪流域面积的74%，水库总库容8257万立方米，正常库容6423万立方米，以发电为主，兼有防洪效益。

为开发巨溪（昌北溪）流域水力资源，原水电部上海勘测设计院曾于1967年至1970年作出了初步规划。1978年，浙江省水利水电勘测设计院开始进行巨溪梯级开发地形测量。1984年8月至1985年4月，浙江省水利水电勘测设计院编制《临安县巨溪水电梯级开发规划和第一期可行性研究报告》；1986年浙江省水利水电勘测设计院完成华光潭一级电站初步设计；1989年完成《华光潭水电站初步设计规模论证补充报告》，确定一级电站厂房建在荞麦岭村，装机2台，共6万千瓦。1992年10月，省水利水电勘测设计院完成《浙江省华光潭电站初步设计（重编）》，1994年完成《浙江省华光潭水电站初步设计（重编）补充报告》。2000年5月，省水利水电勘测设计院完成《浙江省华光潭梯级水电站工程可行性研究报告（代项目建议书）》；11月27日，浙江省发展计划委员会对报告作了批复，工程正式立项；2001年7月23日，省发展计划委员会正式批复华光潭梯级水电站初步设计报告。

工程于2002年4月开工，7月开挖大坝基础；于11月完成，接着开始浇筑坝体混凝土；2005年3月完成大坝混凝土浇筑；2005年4月大坝固结灌浆、帷幕灌浆等全部结束。2003年8月开挖引水隧洞，2004年5月全洞贯通；2005年3月隧洞衬砌全部完成。电站厂房土建工程于2002年1月开工，2005年4月完成。2005年5月通过蓄水验收，

6月3日下闸蓄水，7月22日通过机组启动验收，9月30日一级电站正式投产发电。

电站枢纽由拦河坝、引水发电系统和电站厂区等组成。拦河坝为抛物线型混凝土双曲拱坝，坝顶高程449.85米，最大坝高103.85米，坝顶宽5.8米，最大坝宽18.88米；溢流坝段位于河床部位，布置3孔，每孔净宽10米，最大下泄流量2365立方米/秒。引水发电系统布置在右岸，全长8477米；进口采用竖井式；引水隧洞为圆形压力洞，长8373米，衬砌段洞径4.9米，不衬砌段5.7米，最大输水能力36立方米/秒；调压井为圆筒式，高134.5米。电站主厂房长40.7米，宽17.7米，安装2×30000千瓦混流式水轮发电机组，设计发电水头186.08米，多年平均发电量1.27亿千瓦时。

电站在华东电网中的作用为调峰和供电，以调峰为主。水库有1500万立方米的防洪库容，在主汛期，水库有一定的滞洪作用，经水库调蓄，可使下游河道防洪标准提高到20年一遇。

二、华光潭二级电站

华光潭二级水电站是昌北溪干流梯级开发中的第二级水电站。坝址以上集雨面积350.7平方公里，水库总库容360万立方米，正常库容255万立方米。电站在电网的作用是调峰和供电。

电站主要建筑物有大坝、发电引水系统、电站厂房等。大坝为混凝土重力坝，坝顶高程232米，最大坝高36.5米，坝顶宽4.5米，长134米；溢流段位于大坝中部，采用表孔泄流方式，最大泄流量2551立方米/秒。发电引水系统位于大坝右岸山体，长5168米，进水口为岸塔式，高16米；引水隧洞长5024.1米，为圆型有压洞，开挖洞径5.7米，衬砌后5.0米；调压井位圆筒式，高58.86米。电站厂房距大坝6.5公里，主厂房长34.6米，宽16.1米，安装2×12500千瓦水轮发电机组，设计发电水头68.5米，多年平均发电量5700千瓦时。

电站大坝于2002年5月开挖坝基，2003年2月开挖结束；2002年10月开始浇筑坝体混凝土，2004年3月完成；2004年3月31日下闸蓄水。发电引水系统于2002年3月28日开挖，2003年7月全线贯通，至2004年3月引水系统全部施工完毕。电站厂房土建工程于2002年3月开工，2004年4月完工。机电设备安装于2004年初开始，同年5月完成安装、调试工作，电站开始运行。

三、青山殿电站

青山殿水电站位于临安市青山殿村，在昌化溪下游，控制流域面积1429平方公里，水库总库容5600万立方米，正常库容4519万立方米，以发电为主，兼具防洪、旅游、养殖效益。1993年7月，水利部太湖管理局批准可行性研究；次年10月，浙江省计划经济委员会批准初步设计；1995年1月，组建临安青山殿水电开发公司，兴建青山殿水利枢纽工程水电站。主体工程于1995年7月开工，1997年2月完工；引水隧洞于1997年4月全线贯通，12月施工结束；1998年5月建成并网。

工程枢纽由拦河坝、发电引水建筑物及电站厂房等组成。拦河坝为小骨料混凝土砌块石重力坝，坝顶长187米，坝高47米，溢流段在大坝中间，长79米，分4孔，每孔净宽16米，最大下泄流量8431立方米/秒；发电引水隧洞进口竖井式，进水口高程57米，隧洞长219.1米，内径8米；电站厂房长57.1米，宽21.5米，高42.7米，安装2×20000千瓦水轮发电机组，发电设计水头29米，最大水头35.6米，流量43.3立方米/秒，多年平均发电量9109万千瓦时。

四、分水江水利枢纽工程（五里亭水电站）

分水江水利枢纽工程水电站是一座低水头大流量的河床式水电站，位于分水江干流河流，坝址以上集雨面积2630平方公里，占分水江流域面积的76.4%，水库总库容19325万立方米，正常库容7659万立方米，以防洪为主，兼有发电、灌溉等效益。枢纽主体工程于2002年9月6日开工，至2005年4月18日，相继完成拦河坝、泄洪闸、发电厂房等主要建筑物的施工，28日水库下闸蓄水，10月21日由浙江省水利厅完成机组启动验收，电站正式并网发电。

枢纽工程由拦河坝、泄洪闸、发电厂房、升压站等组成。拦河坝为混凝土重力坝，坝顶高程52.2米，最大坝高34.7米，坝顶宽9米，坝顶长263.9米，河床中部为溢流坝段，堰顶高程35米，长138米，设9孔泄洪闸，每孔净宽12米，最大下泄流量1541.6立方米/秒。发电厂房位于河床西侧，全长56.1米，其中主机段长33.31米，宽18米，安装2×15000千瓦灯泡贯流式水轮发电机组，年均发电量6837万千瓦时。

分水江水利枢纽工程有防洪库容14354万立方米，通过合理调度，可直接保护县城桐庐镇、分水镇等7个重要城镇的安全，保护耕地10万余亩、人口22.46万人。工程的拦洪削峰错峰作用，不仅使分水江下游从此基本不会出现大的灾情，

分水江水利枢纽

还可减轻富春江沿岸的防洪压力。

五、毕浦电站

　　毕浦水电站位于分水江下游桐庐县境内毕浦湾，属径流式电站，通过拦河坝抬高上游水位，隧洞引水至下游发电，坝址控制流域面积3099平方公里，占分水江流域面积的90%，正常蓄水位27米，调节库容150万立方米，是分水江中下游河段（龙潭—桐庐）五个梯级开发中的第四级，以发电为主，兼顾旅游等综合利用。2003年12月动工兴建，2006年4月完成安装橡胶坝袋，2009年1月投入运行。

　　枢纽工程主要由拦河坝、引水渠道、引水隧洞、发电厂等四大主体工程组成。拦河坝坝顶高程33.8米，最大坝高19.3米，坝顶总长390.125米，由左岸非溢流坝段、泄洪溢流坝段、排污孔坝段、右岸非溢流坝段、引水进水口坝段和右岸土石坝段构成。其中溢流坝段为橡胶坝，堰顶高程22米，长219.5米，橡胶袋高5米，共分成两段，每段净宽108米。引水渠全长686米，水深6.5米，设计引水流量184立方米/秒；引水隧洞接引水渠，为马蹄形，洞宽8.393米，洞高9.2米，长916米。电站装机台数6台，总装机1.3万（4×2000+2×2500）千瓦，发电最大水头11.3米，平均水头9.8米，发电引用流量184立方米/秒，年利用小时3263小时，年发电量4568万千瓦时。

第四节　分水江流域水电梯级开发

一、昌北溪水电梯级开发

昌北溪开发河段长21.5公里，集雨面积360.1平方公里，已开发3级，总利用水头268.22米，装机8.98万千瓦。整个梯级开发建有调节水库2座：华光潭一级电站水库，总库容8257万立方米，正常库容6423万立方米；华光潭二级电站水库，总库容360万立方米，正常库容255万立方米。各级电站情况见表9-2。

表9-2　昌北溪干流梯级开发主要技术指标

开发级数	电站名称	开发方式	水头（米）	流量（立方米/秒）	装机容量（千瓦）	年均发电量（万千瓦时）	投产时间
1	华光潭一级电站	混合	186.08	36	60000	12700	2005
2	华光潭二级电站	混合	68.5	43.3	25000	5700	2004
3	华兴电站	引水	13.64	42.63	4800	1099	2005

二、颊口溪水电梯级开发

颊口溪为昌西溪支流，属分水江昌化溪流域，梯级开发集雨面积58.4平方公里，已开发4级，总利用水头244.8米，装机3520千瓦，年均发电量4142千瓦时。建调节水库1座——马啸水库，坝址控制流域面积37.4平方公里，总库容45万立方米，正常库容26万立方米。梯级电站主要技术指标见表9-3。

表 9-3　颊口溪干流梯级开发主要技术指标

开发级数	电站名称	开发方式	水头（米）	流量（立方米／秒）	装机容量（千瓦）	年均发电量（万千瓦时）	投产时间
1	马啸一级电站	混合	27.5	1.5	320	147	1995
2	马啸二级电站	引水	113.4	1.8	1600	603	2002
3	马啸四级电站	引水	42	1.8	600	215	1983
4	马啸五级电站	引水	61.9	2.0	1000	3159	2004

三、洪岭溪水电梯级开发

　　洪岭溪为分水江支流，水电梯级开发引支流奚山水，已开发3级，总利用水头174米，装机1640千瓦，年均发电量691千瓦时，梯级电站主要技术指标见表9-4。

昌化溪 采自马时雍《杭州的水》

河桥古镇 采自马时雍《杭州的水》

表 9-4　洪岭溪干流梯级开发主要技术指标

开发级数	电站名称	开发方式	水头（米）	流量（立方米/秒）	装机容量（千瓦）	年均发电量（万千瓦时）	投产时间
1	马山一级电站	引水	70	1.2	500	219	1983
2	马山二级电站	引水	64	1.3	640	272	1988
3	马山三级电站	引水	40	1.76	500	200	1997

四、桃花溪水电梯级开发

桃花溪开发河段长7.9米，集雨面积31平方公里，已开发4级，总利用水头321.5米，装机1560千瓦，年均发电量519万千瓦时。水能梯级开发以相邻溪流拓林坑溪源头的千顷塘水库为调节水库，将千顷塘电站发电尾水引入桃花溪。千顷塘水库总库容390万立方米，正常库容330万立方米。梯级开发电站基本情况见表9-5。

表 9-5　桃花溪梯级开发主要技术指标

开发级数	电站名称	开发方式	水头（米）	流量（立方米/秒）	装机容量（千瓦）	年均发电量（万千瓦时）	投产时间
1	桃花溪一级电站	引水	65	0.81	320	129	1987
2	桃花溪二级电站	引水	135	0.65	640	165	1981
3	桃花溪三级电站	引水	90	0.62	400	140	1979
4	桃花溪四级电站	引水	31.5	0.91	200	85	1988

参考文献

1. 浙江省水利志编纂委员会：《浙江省水利志》，中华书局1998年版。

2. 钱塘江志编纂委员会：《钱塘江志》，方志出版社1998年版。

3. 浙江省水利厅：《浙江省河流简明手册》，西安地图出版社1999年版。

4. 杭州市水利志编纂委员会：《杭州市水利志》，中华书局2009年版。

5. 绍兴市地方志编纂委员会：《绍兴市志》，浙江人民出版社1996年版。

6. 浙江省金华市水电局：《金华市水利志》，中国水利水电出版社1996年版。

7. 金华市水利局：《金华市水利续志1997—2004》，方志出版社2008年版。

8. 衢州市志编纂委员会：《衢州市志》，浙江人民出版社1994年版。

9. 嵊州市水利志编纂委员会：《嵊州市水利志》，浙江大学出版社2004年版。

10. 临安市水利志编纂委员会：《临安市水利志》，河海大学出版社2011年版。

11. 龙泉市水利志编纂委员会：《龙泉市水利志》，方志出版社2010年版。

12. 诸暨市水利志编纂委员会：《诸暨市水利志1988—2003》，方志出版社2007年版。

13. 浦江县志编纂委员会：《浦江县志》，浙江人民出版社1990年版。

14. 浦江县志编纂委员会：《浦江县志1986—2000》，中华书局2005年版。

15. 《浙江省水利方志》，http://www.zstpc.org/P0_historyList.do。

16. 新安江水电站志编辑委员会：《新安江水电站志》，浙江人民出版社1993年版。

17. 《开化县水利志》，http://www.kaihua.gov.cn/zjkh/khxz/khxslz/。

图书在版编目（CIP）数据

钱塘江水电站/龚园喜，刘军编著. —杭州：杭
州出版社，2013.12
　（钱塘江丛书）
　ISBN 978-7-80758-775-0

I. ①钱… II. ①龚… ②刘… III. ①水力发电站—
介绍—钱塘江 IV. ①TV752.55

中国版本图书馆CIP数据核字（2013）第066699号

钱塘江水电站

龚园喜　　刘　军/编著

责任编辑	钱登科　夏斯斯	
美术编辑	柯　乔	
出版发行	杭州出版社（杭州西湖文化广场32号6楼）	
	电话：0571-87997719　邮编：310014	
排　　版	杭州美虹电脑设计有限公司	
印　　刷	杭州星晨印务有限公司	
经　　销	新华书店	
开　　本	710 mm×1000 mm　1/16	
字　　数	224千	
印　　张	12.25	
插　　页	4	
版 印 次	2013年12月第1版　2013年12月第1次印刷	
书　　号	ISBN 978-7-80758-775-0	
定　　价	42.00元	

《杭州全书》

"存史、释义、资政、育人"
全方位、多角度地展示杭州的前世今生

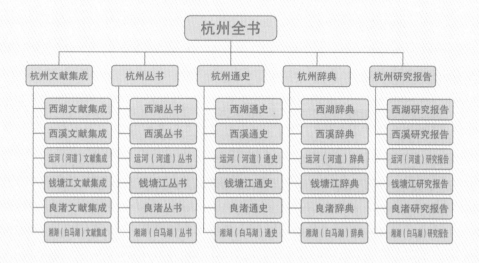

杭州全书

杭州文献集成	杭州丛书	杭州通史	杭州辞典	杭州研究报告
西湖文献集成	西湖丛书	西湖通史	西湖辞典	西湖研究报告
西溪文献集成	西溪丛书	西溪通史	西溪辞典	西溪研究报告
运河（河道）文献集成	运河（河道）丛书	运河（河道）通史	运河（河道）辞典	运河（河道）研究报告
钱塘江文献集成	钱塘江丛书	钱塘江通史	钱塘江辞典	钱塘江研究报告
良渚文献集成	良渚丛书	良渚通史	良渚辞典	良渚研究报告
湘湖（白马湖）文献集成	湘湖（白马湖）丛书	湘湖（白马湖）通史	湘湖（白马湖）辞典	湘湖（白马湖）研究报告

《杭州全书》已出版书目

文献集成

西湖文献集成

1. 《正史及全国地理志等中的西湖史料专辑》（杭州出版社 2004 年出版）
2. 《宋代史志西湖文献专辑》（杭州出版社 2004 年出版）
3. 《明代史志西湖文献专辑》（杭州出版社 2004 年出版）
4. 《清代史志西湖文献专辑一》（杭州出版社 2004 年出版）
5. 《清代史志西湖文献专辑二》（杭州出版社 2004 年出版）
6. 《清代史志西湖文献专辑三》（杭州出版社 2004 年出版）
7. 《清代史志西湖文献专辑四》（杭州出版社 2004 年出版）
8. 《清代史志西湖文献专辑五》（杭州出版社 2004 年出版）
9. 《清代史志西湖文献专辑六》（杭州出版社 2004 年出版）
10. 《民国史志西湖文献专辑一》（杭州出版社 2004 年出版）
11. 《民国史志西湖文献专辑二》（杭州出版社 2004 年出版）
12. 《中华人民共和国成立 50 年以来西湖重要文献专辑》（杭州出版社 2004 年出版）
13. 《历代西湖文选专辑》（杭州出版社 2004 年出版）
14. 《历代西湖文选散文专辑》（杭州出版社 2004 年出版）
15. 《雷峰塔专辑》（杭州出版社 2004 年出版）
16. 《西湖博览会专辑一》（杭州出版社 2004 年出版）
17. 《西湖博览会专辑二》（杭州出版社 2004 年出版）
18. 《西溪专辑》（杭州出版社 2004 年出版）
19. 《西湖风俗专辑》（杭州出版社 2004 年出版）
20. 《书院·文澜阁·西泠印社专辑》（杭州出版社 2004 年出版）
21. 《西湖山水志专辑》（杭州出版社 2004 年出版）
22. 《西湖寺观志专辑一》（杭州出版社 2004 年出版）
23. 《西湖寺观志专辑二》（杭州出版社 2004 年出版）

湘湖（白马湖）文献集成

丛 书

西湖丛书

11.《苏东坡与西湖》（杭州出版社 2004 年出版）

12.《林和靖与西湖》（杭州出版社 2004 年出版）

13.《毛泽东与西湖》（杭州出版社 2004 年出版）

14.《文澜阁与四库全书》（杭州出版社 2004 年出版）

15.《岳飞墓庙》（杭州出版社 2005 年出版）

16.《西湖别墅》（杭州出版社 2005 年出版）

17.《楼外楼》（杭州出版社 2005 年出版）

18.《西泠印社》（杭州出版社 2005 年出版）

19.《西湖楹联》（杭州出版社 2005 年出版）

20.《西湖诗词》（杭州出版社 2005 年出版）

21.《西湖织锦》（杭州出版社 2005 年出版）

22.《西湖老照片》（杭州出版社 2005 年出版）

23.《西湖八十景》（杭州出版社 2005 年出版）

24.《钱镠与西湖》（杭州出版社 2005 年出版）

25.《西湖名人墓葬》（杭州出版社 2005 年出版）

26.《康熙、乾隆两帝与西湖》（杭州出版社 2005 年出版）

27.《西湖造像》（杭州出版社 2006 年出版）

28.《西湖史话》（杭州出版社 2006 年出版）

29.《西湖戏曲》（杭州出版社 2006 年出版）

30.《西湖地名》（杭州出版社 2006 年出版）

31.《胡庆余堂》（杭州出版社 2006 年出版）

32.《西湖之谜》（杭州出版社 2006 年出版）

33.《西湖传说》（杭州出版社 2006 年出版）

34.《西湖游船》（杭州出版社 2006 年出版）

35.《洪昇与西湖》（杭州出版社 2006 年出版）

36.《高僧与西湖》（杭州出版社 2006 年出版）

37.《周恩来与西湖》（杭州出版社 2006 年出版）

38.《西湖老明信片》（杭州出版社 2006 年出版）

39.《西湖匾额》（杭州出版社 2007 年出版）

40.《西湖小品》（杭州出版社 2007 年出版）

41.《西湖游艺》（杭州出版社 2007 年出版）

42.《西湖亭阁》（杭州出版社 2007 年出版）

43.《西湖花卉》（杭州出版社 2007 年出版）

44.《司徒雷登与西湖》（杭州出版社 2007 年出版）

45.《吴山》（杭州出版社 2008 年出版）

46.《湖滨》（杭州出版社 2008 年出版）

47.《六和塔》（杭州出版社 2008 年出版）

48.《西湖绘画》（杭州出版社 2008 年出版）

西溪丛书

23.《西溪民间工艺》（杭州出版社 2012 年出版）

24.《西溪古镇古村落》（杭州出版社 2012 年出版）

25.《西溪的历史建筑》（杭州出版社 2012 年出版）

26.《西溪的宗教文化》（杭州出版社 2012 年出版）

27.《西溪与蕉园诗社》（杭州出版社 2012 年出版）

28.《西溪集古楹联匾额》（杭州出版社 2012 年出版）

29.《西溪蒋坦与〈秋灯琐忆〉》（杭州出版社 2012 年出版）

运河（河道）丛书

1.《杭州运河风俗》（杭州出版社 2006 年出版）

2.《杭州运河遗韵》（杭州出版社 2006 年出版）

3.《杭州运河文献（上）》（杭州出版社 2006 年出版）

4.《杭州运河文献（下）》（杭州出版社 2006 年出版）

5.《京杭大运河图说》（杭州出版社 2006 年出版）

6.《杭州运河历史研究》（杭州出版社 2006 年出版）

7.《杭州运河桥船码头》（杭州出版社 2006 年出版）

8.《杭州运河古诗词选评》（杭州出版社 2006 年出版）

9.《走近大运河·散文诗歌卷》（杭州出版社 2006 年出版）

10.《走近大运河·游记文学卷》（杭州出版社 2006 年出版）

11.《走近大运河·纪实文学卷》（杭州出版社 2006 年出版）

12.《走近大运河·传说故事卷》（杭州出版社 2006 年出版）

13.《走近大运河·美术摄影书法采风作品集》（杭州出版社 2006 年出版）

14.《杭州运河治理》（杭州出版社 2013 年出版）

15.《杭州运河新貌》（杭州出版社 2013 年出版）

16.《杭州运河歌谣》（杭州出版社 2013 年出版）

17.《杭州运河戏曲》（杭州出版社 2013 年出版）

18.《杭州运河集市》（杭州出版社 2013 年出版）

19.《杭州运河桥梁》（杭州出版社 2013 年出版）

20.《穿越千年的通途》（杭州出版社 2013 年出版）

21.《穿花泄月绕城来》（杭州出版社 2013 年出版）

22.《烟柳运河一脉清》（杭州出版社 2013 年出版）

23.《口述杭州河道历史》（杭州出版社 2013 年出版）

24.《杭州运河历史建筑》（杭州出版社 2013 年出版）

25.《杭州河道历史建筑》（杭州出版社 2013 年出版）

26.《外国人眼中的大运河》（杭州出版社 2013 年出版）

27.《杭州河道诗词楹联选粹》（杭州出版社 2013 年出版）

28.《杭州运河非物质文化遗产》（杭州出版社 2013 年出版）

钱塘江丛书

1.《钱塘江传说》（杭州出版社 2013 年出版）
2.《钱塘江名人》（杭州出版社 2013 年出版）
3.《钱塘江金融文化》（杭州出版社 2013 年出版）
4.《钱塘江医药文化》（杭州出版社 2013 年出版）
5.《钱塘江历史建筑》（杭州出版社 2013 年出版）
6.《钱塘江古镇梅城》（杭州出版社 2013 年出版）
7.《茅以升和钱塘江大桥》（杭州出版社 2013 年出版）

湘湖（白马湖）丛书

1.《湘湖史话》（杭州出版社 2013 年出版）
2.《湘湖传说》（杭州出版社 2013 年出版）
3.《东方文化园》（杭州出版社 2013 年出版）
4.《任伯年评传》（杭州出版社 2013 年出版）

研究报告

南宋史研究丛书

1.《南宋史研究论丛（上）》（杭州出版社 2008 年出版）
2.《南宋史研究论丛（下）》（杭州出版社 2008 年出版）
3.《朱熹研究》（人民出版社 2008 年出版）
4.《叶适研究》（人民出版社 2008 年出版）
5.《陆游研究》（人民出版社 2008 年出版）
6.《马扩研究》（人民出版社 2008 年出版）
7.《岳飞研究》（人民出版社 2008 年出版）
8.《秦桧研究》（人民出版社 2008 年出版）
9.《宋理宗研究》（人民出版社 2008 年出版）
10.《文天祥研究》（人民出版社 2008 年出版）
11.《辛弃疾研究》（人民出版社 2008 年出版）
12.《陆九渊研究》（人民出版社 2008 年出版）
13.《南宋官窑》（杭州出版社 2008 年出版）
14.《南宋临安城考古》（杭州出版社 2008 年出版）
15.《南宋临安典籍文化》（杭州出版社 2008 年出版）
16.《南宋都城临安》（杭州出版社 2008 年出版）

17.《南宋史学史》（人民出版社2008年出版）

18.《南宋宗教史》（人民出版社2008年出版）

19.《南宋政治史》（人民出版社2008年出版）

20.《南宋人口史》（上海古籍出版社2008年出版）

21.《南宋交通史》（上海古籍出版社2008年出版）

22.《南宋教育史》（上海古籍出版社2008年出版）

23.《南宋思想史》（上海古籍出版社2008年出版）

24.《南宋军事史》（上海古籍出版社2008年出版）

25.《南宋手工业史》（上海古籍出版社2008年出版）

26.《南宋绘画史》（上海古籍出版社2008年出版）

27.《南宋书法史》（上海古籍出版社2008年出版）

28.《南宋戏曲史》（上海古籍出版社2008年出版）

29.《南宋临安大事记》（杭州出版社2008年出版）

30.《南宋临安对外交流》（杭州出版社2008年出版）

31.《南宋文学史》（人民出版社2009年出版）

32.《南宋科技史》（人民出版社2009年出版）

33.《南宋城镇史》（人民出版社2009年出版）

34.《南宋科举制度史》（人民出版社2009年出版）

35.《南宋临安工商业》（人民出版社2009年出版）

36.《南宋农业史》（人民出版社2010年出版）

37.《南宋临安文化》（杭州出版社2010年出版）

38.《南宋临安宗教》（杭州出版社2010年出版）

39.《南宋名人与临安》（杭州出版社2010年出版）

40.《南宋法制史》（人民出版社2011年出版）

41.《南宋临安社会生活》（杭州出版社2011年出版）

42.《宋画中的南宋建筑》（西泠印社出版社2011年出版）

43.《南宋舒州公牍佚简研究》（上海古籍出版社2011年出版）

44.《南宋全史（一）》（上海古籍出版社2011年出版）

45.《南宋全史（二）》（上海古籍出版社2011年出版）

46.《南宋全史（三）》（上海古籍出版社2012年出版）

47.《南宋全史（四）》（上海古籍出版社2012年出版）

48.《南宋全史（五）》（上海古籍出版社2012年出版）

49.《南宋全史（六）》（上海古籍出版社2012年出版）

50.《南宋美学思想研究》（上海古籍出版社2012年出版）

51.《南宋川陕边行政运行体制研究》（上海古籍出版社2012年出版）

52.《南宋藏书史》（人民出版社2013年出版）

53.《南宋陶瓷史》（上海古籍出版社2013年出版）

54.《南宋明州先贤祠研究》（上海古籍出版社2013年出版）